光明城
LUMINOCITY

看见我们的未来

"同济大学学术专著（自然科学类）出版基金"资助项目

王骏阳建筑学论文集

阅读柯林·罗的《拉图雷特》

Reading Colin Rowe's "La Tourette"

王骏阳 著

同济大学出版社
TONGJI UNIVERSITY PRESS
中国·上海

目 录
CONTENTS

前　言
PREFACE

本书收录的是笔者 2005 年以来陆续写成的柯林·罗研究的文章，其中既有译著的
导读，也有翻译过程中的心得体会和相关文献资料的研究；既有教学资料的记录
和整理，也有会议发言的后续成文。当然，有些文章也可以被视为某种意义上的
书评，如《柯林·罗与"拼贴城市"理论》。最早写成的这篇与《拼贴城市》有
关的文章以及稍后发表的《阅读柯林·罗的〈拉图雷特〉》都经过比较大的修改，
篇幅也有不同程度的增减。

我不是一个柯林·罗主义者。除了书中提及的对"时代精神"的反对以及善于从
某个具体问题切入展开理论研究的写作方法等特点之外，柯林·罗对我的吸引还
有两个特别值得一提的方面。首先是对罗自诩为"一位富有设计才能却又未能成
为建筑师的人"（an architect manqué）的认同。这一认同既是相对于罗而言的，
也是相对于我自己而言的。正是基于这一认同，我才常常认为罗在许多建筑问题
的判断和立场显得较为可信。其次是柯林·罗思想的自由主义本质。它对一切教
条持怀疑态度，但又拒绝彻底的相对主义。由此带来的问题是，正如北美学者乔
治·贝尔德（George Baird）曾经通过与 18 世纪盎格鲁—爱尔兰政治思想家埃德
蒙·伯克（Edmund Burke）的类比指出的，罗在许多人眼里只能是"一个不可靠
的人物——不愿接受党派原则，太想保持思想独立——最终是政治上的幼稚"。[1] 为
避免误会，请允许我强调，这里所谓的"党派"指的是学术党派；所谓"政治"指
的是学术政治。

按照时下国内建筑学科的发展标准，本书对柯林·罗的研究纯属无用，充其量只
是笔者个人化的学术兴趣的某种结果而已。正因如此，请允许我借此机会对同济
大学出版基金的支持表示由衷的感谢。我还要特别感谢同济大学出版社晁艳女士
对本文集文字不辞辛苦的审阅和校对。

王骏阳

二〇一八年七月

1　George Baird,"Oppositions in the Thought of Colin Rowe," *Assemblage* 33, 1997, pp. 22-35.

《理想别墅的数学及其他论文》中文版导读

Introduction to the Chinese Edition of
The Mathematics of the Ideal Villa and Other Essays

作为 20 世纪最为重要的建筑理论家、评论家、历史学家
和教育家之一，柯林·弗雷德里克·罗（Colin Frederick
Rowe，1920–1999）并非一位著作等身的学者。他的学术研
究及其成果大多以短文形式问世，其中还有相当一部分是在一
段时期乃至数十年之后才以文集的形式编辑出版。《理想别墅
的数学及其他论文》（*The Mathematics of the Ideal Villa and Other
Essays*）就是这样一部文集，它也是柯林·罗学术生涯中的
首部文集，收录了柯林·罗从 1940 年代到 1970 年代陆续写作和发表的九篇建筑理
论论文，由罗自选成集，美国麻省理工学院出版社（The MIT Press）1976 年出版。

图1- 柯林·罗
图 2-《理想别墅的数学及其他论文》英文版封面

可以毫不夸张地说，《理想别墅的数学及其他论文》代表了柯林·罗早期学术生涯
的最高成就。它以柯林·罗完成并提交伦敦瓦尔堡研究院（The Warburg Institute） 艺
术史硕士学位论文之年（1947 年）在英国《建筑评论》（*The Architectural Review*）杂志发
表的《理想别墅的数学》作为开篇，以 1959 年在《格兰塔》（*Granta*）杂志发表
的《乌托邦建筑》（"The Architecture of Utopia"）结束。但这只是《理想别墅的数
学及其他论文》中文章的编排顺序，与这些论文写作和发表的时间次序并不是一
回事。比如，从写作时间上来说，《理想别墅的数学》确实是所有九篇论文中最
先完成的，但是最晚写作完成的却不是《乌托邦建筑》，而是 1961 年的《拉图雷
特》（"La Tourette"）。从文章发表的时间顺序上讲，《理想别墅的数学》同样也是最
先发表的，但是最后发表的却是《性格与组构——或论 19 世纪建筑词汇的某些演变》
（"Character and Composition: or Some Vicissitudes of Architectural Vocabulary in the Nineteenth
Century"）。该文最初完成于柯林·罗首次移居美国后的 1953–1954 年间，而正式问
世的时间却是 20 年后的 1974 年。具有相似命运的论文还包括 1955–1956 年间完
成，但直到 1963 年才发表的《透明性：字面的与现象的》（"Tranparency: Literal
and Phenomenal"），以及完成于 1956–1957 年间但发表于 1973 年的《新"古典主义"
与现代建筑（一）》和《新"古典主义"与现代建筑（二）》（"Neo-'Classicism'
and Modern Architecture" I and II）。

这些时间节点之所以值得注意，是因为它们在一定程度上反映了柯林·罗学术研究
的某些特点。首先，发表时间的严重滞后或多或少源自罗文章的批判性和争议性。
以《透明性：字面的与现象的》为例：它写于 1955–1956 年间，原本投稿给《建
筑评论》杂志，却因文中的某些观点被时任《建筑评论》杂志学术总监的尼古拉
斯·佩夫斯纳（Nikolaus Pevsner）视为对格罗皮乌斯及其包豪斯校舍的直接或间
接攻击和贬低而遭到拒绝，[1] 尽管此前柯林·罗已经在该杂志发表《理想别墅的数学》

---

1 沃纳·奥希思林：《"透明性"：探寻与现代建筑原则相匹配的可靠设计方法》，载柯林·罗、罗伯特·斯拉茨基：
《透明性》，金秋野、王又佳译，北京：中国建筑工业出版社，2007，第 10 页。

和《手法主义与现代建筑》（"Mannerism and Modern Architecture"），并因此获得不错的学术声誉。另一方面，即使在 1963 年被耶鲁大学学生杂志《展望》（*Perspecta*）发表之后，该文仍然因对吉迪恩（Sigfried Giedion）"时间－空间"观的论述和质疑而引发持续关注和争议。[1] 时至今日，人们甚至可以将《透明性：字面的和现象的》[2] 视为柯林·罗学术生涯中最具开创性（the most seminal），但也最具争议性的论文之一。

从上述时间节点中我们还可以解读出柯林·罗学术研究的另一个特点。诚然，柯林·罗的学术论文不无对当下学科思想和以往学科历史的反思，也常常引起巨大的反响，然而他似乎更多为自己的思考而写，能否发表或者是否马上发表并不最重要。在今天这个以量化指标衡量学术成就的时代，这是一种近乎奢侈的学术生涯状态——事实上，即使柯林·罗曾经身处其中的西方学术界似乎也越发变得急功近利，越发难以容忍柯林·罗式的"逍遥"和"懒惰"。在《理想别墅的数学及其他论文》的前言和致谢中，罗曾经如此描述自己的学术心境："如果不是某种惰性使然，这部文集完全可以在 1960 年代问世；但是，尽管我有时也会对没有尽早完成此书感到些许悔意，却丝毫不会为这样的拖延感到难过。因为某种程度上，这些论文中的大多数仍然保持着它们的有效性，其中一些很久以来还一直以翻印或者影印的形式在学生中传阅。对我来说，这已经足够荣耀。"[3]

如果不按完成或发表的时间顺序，而是以内容或主题来观察这些论文，那么我们可以粗略地将它们划分为两大类。一类与勒·柯布西耶研究有关，如《理想别墅的数学》《手法主义与现代建筑》《透明性：字面的和现象的》《拉图雷特》等，甚至《芝加哥框架》（"Chicago Frame"）也可归于此类；另一类则没有这种明显关联。但是无论前者还是后者，它们都涉及柯林·罗理论研究的一个核心问题——对现代建筑观念的反思和重新评价，以及由此延展出的以设计为载体的建筑学认知。柯林·罗曾经将自己形容为"一位过度的思者，一位作废比发表更多的写者，一位富有设计才能却又没有成为建筑师的人"（a thinker who thought too much, a writer who deleted more than he ever wrote, and an architect *manqué*）。[4] 因此，在柯林·罗那里，这种反思和重新评价首先不是来自抽象的理论建构，或者宏大的历史叙事，而是立足于睿智精妙的形式精读（close formal reading）。

正是在后面这一点上，柯林·罗常常被国内外学者视为 20 世纪"建筑形式主义"（architectural formalism）的重要代表。但是，如果说西方学者在强烈感受到柯林·罗建筑思想中的形式主义倾向的同时，还是能够认识到这一思想背后以爱德蒙德·伯克（Edmund Burke）、以赛亚·伯林（Isaiah Berlin）、卡尔·波普尔（Karl

---

1　见 Todd Gannon ed., *The Light Construction Reader* (New York: The Monacelli Press, 2002)，尤其是 Rosemarie Haag Bletter, "Opaque Transparency" 和 Detlef Mertins, "Transparency: Autonomy and Relationality"。

2　Joan Ockman, "Form Without Utopia: Contextualizing Colin Rowe," *The Journal of the Society of Architectural Historians*, 57, December 1998, p.448.

3　Colin Rowe, "Preface and Acknowledgements," in *The Mathematics of the Ideal Villa and Other Essays* (Cambridge, Massachusetts, and London, England；The MIT Press, 1976).

4　Joan Ockman, "Form Without Utopia," p.448.

Popper）等为代表的古典自由主义政治理念——当然，这一理念在作为柯林·罗晚期学术思想代表的《拼贴城市》（Collage City）中得到最为明确和充分的表达，而在《理想别墅的数学及其他论文》中也许只能是一个若隐若现的思想线索而已，那么国内学者对柯林·罗的认识则几乎完全是"形式主义"的[5]——从 20 世纪 80 – 90 年代的建筑基础教学改革引发的"九宫格"热以及与之相关的形式主义操作路线，[6] 到 2017 年由新一代青年学者发表的"形式分析法演变"研究。[7] 这其中又以从鲁道夫·维特科尔（Rudolf Wittkower）到柯林·罗再到彼得·埃森曼（Peter Eisenman）的形式主义路线最为人们津津乐道。此外，将这一形式主义路线向前追溯到海因里希·沃尔夫林（Heinrich Wöfflin）以及向后拓展至戈瑞格·林恩（Greg Lynn）的也不乏其人。[8] 一定意义上，这条形式主义路线被国内学者反复提及的频率如此之高，以至于它似乎已经成为一种显学。

图 1– 伯林：《自由论》中文版封面
图 2– 沃尔夫林：《艺术风格学》中文版封面

作为《理想别墅的数学及其他论文》一书的导读，本文将不可避免涉及上述这条"形式主义路线"。尽管如此，本文更愿意关注的问题是，如果这条 20 世纪建筑学中的形式主义路线确实存在，那么柯林·罗在这一路线中的特殊地位是什么？更具体说，如果柯林·罗在维特科尔和埃森曼之间发挥了一个"承上启下"的作用的话，那么他与前后两位的思想差异在哪里？对于这篇导读而言，有待思考的问题还在于，认识这些差异对于我们理解柯林·罗的这部文集有何帮助？

这些问题的梳理将不得不涉及上述这条"形式主义路线"发展过程中的诸多轶事，它们或来自后继学者的研究成果，或是当事人的回忆和自述，以及柯林·罗学术生涯的其他写作，集合在一起难免有东拉西扯的感觉。然而，冗长的"东拉西扯"也许可以从另一个侧面为我们勾勒一个理解《理想别墅的数学及其他论文》的学术背景和线索，从而避免将"导读"变成对该书内容的直接复述。[9] 在此过程中，本文也不可避免会涉及对一些相关术语的中文翻译的讨论，从布扎传统的 *parti* 到柯林·罗的 literal transparency。我相信，这些术语的中文概念对于理解柯林·罗的建筑学理论以及这部《理想别墅的数学及其他论文》同样至关重要。

5 在这个问题上，除了笔者《柯林·罗与"拼贴城市"理论》（见《时代建筑》，2005 年第一期，第 120 – 123 页）的相关论述外，青年学者曾引也曾就战后政治哲学对柯林·罗的影响进行了阐述，见曾引：《现代建筑的毕业生——柯林·罗的遗产（四）》，《建筑师》2016 年第 2 期，第 18–32 页。

6 朱雷：《空间操作——现代建筑空间设计及教学研究的基础与反思》，南京：东南大学出版社，2010，第四章《"装配组件"与形式结构》。

7 江嘉玮：《从沃尔夫林到埃森曼的形式分析法演变》，《时代建筑》，2017 年第 3 期，第 60–69 页。

8 江嘉玮：同上，以及袁烽：《从图解思维到数字建造》，上海：同济大学出版社，2016，第三章《形式图解》。

9 关于对《理想别墅的数学及其他论文》主要文章的复述，见曾引：《现代建筑的形式法则——柯林·罗的遗产（二）》，《建筑师》2015 年第 4 期。以及《立体主义、手法主义与现代建筑——柯林·罗的遗产（三）》，《建筑师》2016 年第 1 期。

从利物浦大学建筑学院到瓦尔堡研究院

柯林·罗于 1939 年进入英国利物浦大学建筑学院学习。尽管此时已是 1920 年代这个通常被认为现代运动盛期之后的时期，但是利物浦大学建筑学院似乎仍然是英国新古典主义和法国／美国布扎传统的天下。根据柯林·罗在为利物浦大学建筑学院任教时期的学生詹姆斯·斯特林（James Stirling）的作品集所写的长文中回忆，该学院的创始人查尔斯·瑞利（Charles Reilly）特别欣赏以设计纽约的宾夕法尼亚火车站（the Penn Station）和哥伦比亚大学校园等作品闻名遐迩的美国麦基姆 - 米德 - 怀特（McKim, Mead and White）建筑事务所的作品，并在教学上对巴黎美院（布扎）式的平面设计情有独钟。他的继任者（也是柯林·罗就学期间的院长）莱昂内尔·巴顿（Lionel Budden）继续了瑞利的路线，但在思想上更加"自由和宽容"（liberal and tolerant）。此外，柯林·罗回忆道，不同于当时以威廉·莫里斯（William Morris）和约翰·拉斯金（John Ruskin）思想主导的强调英式传统和"现代社会意识"（modern social consciousness）的伦敦建筑联盟建筑学院（Architectural Association School of Architecture），利物浦大学建筑学院更加国际化／美国化，更注重古典传统，更关注建筑的形式问题。[1] 柯林·罗后来在自己毕生的学术生涯中经常使用"格局"（parti）、"组构"（composition）、"剖碎"（poché）等布扎传统的概念，应该与他在利物浦大学建筑学院接受和认同的建筑学教育有很大关系。

但是，这只是故事的一面，故事的另一面同样重要。柯林·罗写道："为挖掘这座建筑学教育的庞贝古城，人们必须区分两种不同的作用：一种作用来自学院体制，另一种作用则是来自学生的抵抗。"[2] 换言之，如果说利物浦建筑学院的建筑学教育仍然固守着布扎体系的话，那么已经在欧洲大陆如火如荼的现代建筑运动也在那里产生不可忽视的影响，而这主要是在学生会成员和一部分教员（柯林·罗自己曾经经历该校学生和教员两个阶段）中发生的。首先，勒·柯布西耶《作品全集》（Oeuvre complète）前三卷已经问世，尽管它们不在当时的利物浦建筑学院图书馆收藏之列。[3] 其次，相较于与亨利 - 罗素·希区柯克（Henry-Russell Hitchcock）合著的《国际风格》（The International Style），菲利普·约翰逊（Philip Johnson）介绍密斯的专著更受欢迎。在柯林·罗看来，后者是所有密斯论著中最好也最不教条的一部。[4]

与此同时，对于当时的利物浦学人来说，赖特既古怪又令人迷恋，受到推崇的还

---

1 Colin Rowe, "James Stirling: A Highly Personal and Very Disjointed Memoir," in *James Stirling: Buildings and Projects*, eds. Peter Arnell and Ted Bickford (London: The Architectural Press, 1984), p.11.

2 Ibid, p.10.

3 Ibid, p.12.

4 Ibid.

包括原籍匈牙利后移居德国并加入包豪斯的法尔卡斯·莫纳尔（Farkas Molnár）、意大利建筑师朱塞佩·特拉尼（Giuseppe Terragni）、意大利建筑师阿尔贝托·萨托里斯（Alberto Sartoris）的著作《功能建筑的要素》（*Gli Elementi dell'Architettura Funzionale*）、英国本土的康奈尔－沃德－卢卡斯（Connell, Ward and Lucas）建筑事务所的作品、马塞尔·

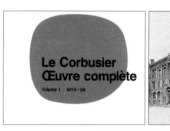

图 1– 勒·柯布西耶：《作品全集》封面
图 2– 考克瑞尔：位于利物浦的利物浦－伦敦－全球总部

布劳耶尔（Marcel Breuer）、查尔斯·伊姆斯（Charles Eames）——相比之下，格罗皮乌斯则没有这样的地位。受到柯林·罗在内的学生和教员推崇的还有，英国的巴洛克建筑师尼古拉斯·霍克斯摩尔（Nicholas Hawksmoor）、18－19 世纪英国建筑师约翰·索恩（John Soan），还有帕拉第奥、哈德维克·霍尔（Hardwick Hall）、作为英国新古典主义建筑代表人物之一的利物浦建筑学院教授 C. R. 考克瑞尔（C. R. Cockerell），等等。柯林·罗还特别将考克瑞尔与特拉尼相提并论。在罗看来，"如果说特拉尼代表了现代建筑，那么将超级希腊（hyper－Greek）、圣米奇尔（Sanmichele）和弗朗索瓦·孟莎（François Mansart）集于一身的考克瑞尔则被视为当地之神。"[5]

这是怎样一种不拘一格和兼容并蓄的氛围和建筑学认知！在这里，现代建筑史学中的时代精神说、历史决定论、目的论、道德高地、救世论，以及唯现代风格论都没有一席之地。取而代之的是超越风格之上的对建筑品质——其中理所当然包括形式的品质——的认识和理解。柯林·罗写道：

> 那是一个渐进主义（gradualistic）的氛围，对大西洋两岸同时关注。我们（学院）稳步推进。我们对千禧年狂热（millennialistic fervour）不感兴趣。我们关注传统，但是毫无疑问，我们也关注创造。我们没有偏见，我们也没有陈见。我们具备（也许出乎人们的意料？）自由的价值观和客观的判断能力。在这些方面，当然还有其他方面，我们是一切时代的传人。作为"组构"（composition）的诠释者，我们博采众长，让悖论成为空气中的一击。[6]

正是在这样的氛围中，柯林·罗对鲁道夫·维特科尔的研究产生了兴趣。1941 年，维特科尔与时任瓦尔堡研究院院长的弗里兹·扎克斯尔（Fritz Saxl）共同策划的一个以"不列颠艺术与地中海文化"（British Art and the Mediterranean）为主题的展览。作为瓦尔堡研究院致力于古典传统研究的学术路线的一次生动体现，该展览于 1942－1944

---

5 Ibid.

6 Ibid, p.11.

年间在英国各地巡展，包括 1942 年 6 月至 8 月在利物浦建筑学院的展出，而这也是柯林·罗在利物浦建筑学院就学期间。1943 年，罗向担任学生会主席的低年级学生，也就是后来成为美国普林斯顿大学建筑学教授的罗伯特·马克斯韦尔（Robert Maxwell）建议，邀请维特科尔到利物浦建筑学院讲学。是年 9 月，维特科尔以"建筑师米开朗基罗"（Michelangelo as an Architect）为题在利物浦建筑学院举办讲座，可惜此时柯林·罗已经应征入伍，参加英国卷入其中的二次世界大战，未能听到维特科尔的讲座。[1] 更为不幸的是，罗在战争期间的一次跳伞中摔坏了脊椎，从此不能伏案画图，最终成为他后来自诩的"一位富有设计才能却又未能成为建筑师的人"。一定意义上，正是这次受伤促使罗走上了历史理论的学术道路，而这条道路的第一步就是在"学术新人奖学金"（Junior Research Fellowship）的资助下，罗于 1945 年进入伦敦瓦尔堡研究院，成为维特科尔在那段时间的"唯一学生"。[2]

贡布里希：《瓦尔堡思想传记》中文版封面

瓦尔堡研究院，由阿比·瓦尔堡（Abby Warburg）在德国汉堡创立的私人图书馆演变而来。作为一名犹太裔银行家的长子，阿比·瓦尔堡本应子承父业。然而，他对艺术史和文化史研究情有独钟，并在父亲和继承银行事业的弟弟的资金支持下大量购置图书，到 1909 年，瓦尔堡的藏书量已达两万册之多，涉及艺术史、宗教学、语言学、人种学、神话学、哲学等领域。渐渐地，随着图书馆在学界小有名气，瓦尔堡也产生将图书馆改为研究院的设想。1921 年，瓦尔堡图书馆正式宣告成为一个研究机构，同时吸引了弗里兹·扎克斯尔、欧文·潘诺夫斯基（Erwin Panofsky）、埃德加·温德（Edgar Wind）等一批学者加入，开始在欧洲学术界声名鹊起。

瓦尔堡也是一个在艺术史研究方面占有一席之地的学者。他在欧洲 19 世纪图像志（iconography）的基础上开创了现代意义上的图像学（iconology）研究。在当时，艺术史研究领域深受沃尔夫林的影响，后者将艺术史研究的重点放在艺术风格的演变以及对这些演变的解释之上，并倡导一种将形式和风格本身的重要性置于艺术家之上的"匿名史"研究。沃尔夫林还独树一帜，试图通过五个成对的概念来认识艺术形式和风格的演变及发展，其中 16 世纪文艺复兴绘画向 17 世纪巴洛克绘画的过渡和变化最受到沃尔夫林的关注。这五对概念是：线描和涂绘、平面和纵深、封闭与开放、多样性与同一性、清晰性与模糊性。[3] 后人称之为艺术史研究中的"比较形式分析"（comparative formal analysis）路线。

与沃尔夫林的风格或形式立场不同，瓦尔堡的图像学研究不仅立足于西方艺术的古

1 Francesco Benelli, "Rudolf Wittkower and Colin Rowe: Continuity and Fracture," in *L'architettura come testo e la figura di Colin Rowe*, ed. Mauro Marzo (Venezia, Marsilio Editori, 2010), p.236.

2 柯林·罗曾经在为《诚如曾经所言》的文集所作的引言中描述了自己职业生涯转变的这一过程，见 Colin Rowe, "Introduction"in *As I Was Saying: Reconllections and Miscellaneous Essays*, Vol. 1, ed. Alexander Caragonne (Cambridge, Massachusetts, and London, England: The MIT Press, 1996), p.2.8；Colin Rowe, "James Stirling: A Highly Personal and Very Disjointed Memoir," p.11.

3 见海因里希·沃尔夫林：《艺术风格学——美术史的基本概念》，潘耀昌译，北京：人民大学出版社，2004。

典传统，更致力于理解和辨别艺术作品的深层意义和内容。他以探索"形式与内容在传统冲撞中的相互作用"为己任，意欲将艺术史改变为一种跨学科的"文化科学"（*Kulturwissenschaft*）[4]——事实上，瓦尔堡图书馆从一开始的正式名称就是"瓦尔堡文化科学图书馆"（*Kulturwissenschaftliche Bibliothek Warburg*）。另一方面，瓦尔堡也对黑格尔主义的"时代精神"持怀疑态度。在他看来，尽管"时代精神"不可避免影响个体艺术家的创作，但艺术史学家的任务与其是将艺术作品视为"时代精神"影响的必然产物，不如将其视为"时代精神"下的个体感知和选择结果更为重要。[5]

另一方面，瓦尔堡对古典传统对艺术家创作的影响倍感兴趣。但是在瓦尔堡那里，"古典传统"不仅仅是一种形式，而且更是一种精神，是一种超越形式的精神。正如他在评论法国印象派画家莫奈（Monet）的作品时所言："无论如何，他（指莫奈——引者注）的作品似乎在告诉世界，只有与过去共享精神遗产者才能创造具有新的表现价值的形式。这种表现价值的穿透力不是来自对古典的遗忘，而是来自它对古典形式的再创造所施加的作用。对于平庸的艺术家而言，这种超级个人化的义务是一个十分沉重的负担，但是在天才那里，这一反差带来的是魔术般的古典行为，它将一切融于自身，为新的创造带来令人信服的力量。"[6]

图1- 潘诺夫斯基：《图像学研究》英文版封面
图2- 扬·凡·艾克：《阿尔诺菲尼婚礼肖像》

瓦尔堡于 1929 年逝世，这给瓦尔堡研究院带来巨大冲击。随着 1933 年纳粹政权上台，有着犹太背景的瓦尔堡研究院更面临灭顶之灾。经过多方努力，瓦尔堡图书馆的六万册图书在时任馆长扎克斯尔的带领下从汉堡搬到伦敦，之后几经周折，于 1944 年正式成为伦敦大学下的一个研究机构。与此同时，尽管"文化科学"的学科建立对于瓦尔堡本人来说最终成为一个未竟的事业，但是他的学生潘诺夫斯基却成功将图像学发展为艺术史研究的重要方法和学派之一。为逃避纳粹迫害，潘诺夫斯基同样走上流亡之路，但是没有随瓦尔堡研究院移居伦敦，而是去了美国。他于 1939 年出版的影响甚远的《图像学研究》（*Studies in Iconology*）是有着严密构建的艺术史理论著作，致力于对文艺复兴以来的绘画范例进行从表层含义到深层意义（或者说"本质"意义）的解读。特别是他对扬·凡·艾克（Jan van Eyck）的《阿尔诺菲尼婚礼肖像》（*The Arnolfini Wedding Portrait*）这类作品"深层意义"的挖掘，将艺术史研究带入对画面内容"隐藏的象征"（disguised symbolism）的无尽阐释之中。一个苹果、一条狗、一朵花或者一只脚都不可避免具有不同寻常的超越其自身的象征意义。也许，这也是有些学者将图像学与符号学联系起来的原因。[7]

4 邵宏：《美术史的观念》，杭州：中国美术学院出版社，2003，第 229 页。

5 Alexander Caragonne, *The Texas Rangers: Notes from an Architectural Underground* (Cambridge, Massachusetts, and London, England: The MIT Press, 1995), p.113.

6 Monica Centanni, "For an Iconology of the Interval Tradition of the Ancient and Retrospective View in Aby Warburg and Colin Rowe," in *L'architettura come testo e la figura di Colin Rowe*, p.226. 3; Ibid, p.12.

7 见理查德·豪厄尔斯：《视觉文化》，葛红兵译，桂林：广西师范大学出版社，2007。在这本书中，作者特别要求读者将第一章（图像学）与第五章（符号学）的内容联系起来。

尽管瓦尔堡研究院的其他学者如恩斯特·贡布里希（Ersnt Gombrich）、维特科尔、温德等人的研究并没有像潘诺夫斯基图像学那种深陷对艺术作品的"隐藏的象征"的无尽追求，但是艺术作品的意义阐释却是他们的共同兴趣。维特科尔与瓦尔堡研究院的交结在其汉堡时期已经开始，但是直到移居伦敦后才成为其正式成员。维特科尔自己的学术成长之路历经沃尔夫林、阿道夫·戈德施密特（Adolph Goldschmidt）和恩斯特·施泰因曼（Ernst Steinmann）等人的影响。特别是维特科尔在戈德施密特的指导下完成博士论文，在很大程度上继承戈氏"艺术历史客观性"（art historical *Sachlichkeit*）的衣钵。[1]某种意义上，维特科尔后来那部享誉学界和建筑界的《人文主义时代的建筑原理》（*Architectural Principles in the Age of Humanism*）正是戈氏的"客观性"影响与潘诺夫斯基"隐藏的象征"的学术追求相结合的产物。

《人文主义时代的建筑原理》的主要研究早在二战前已经开始，[2]其成果在移居伦敦之后陆续在《瓦尔堡与考陶尔研究所期刊》（*Journal of the Warburg and Courtauld Institutes*）上发表，它们是1940-1941年的《阿尔伯蒂的古典建筑之路》（"Alberti's Approach to Antiquity in Architecture"）、1944年的《帕拉第奥建筑的原则》第一部分（"Principles of Palladio's Architecture, Part I"），以及1945年的第二部分。柯林·罗进入瓦尔堡研究院学习的时间正是1945年，可以想象，他当时一定与这些研究撞个正着，并在自己的研究和思想中留下其影响的烙印。

柯林·罗的硕士论文以英国17世纪建筑师埃尼戈·琼斯（Inigo Jones）为研究对象，这也在很大程度上延续了维特科尔和扎克斯尔在"不列颠艺术与地中海文化"巡回展中关注的古典艺术对英国影响的主题。作为英国现代意义上第一个伟大的建筑师，琼斯深受意大利文艺复兴建筑及其古典内核的影响，而最大的影响则来自帕拉第奥。琼斯不仅设计建造了许多在英国历史上具有重要地位的"新帕拉第奥主义"建筑作品，而且还以帕拉第奥、维尼奥拉（Giacomo Barozzida Vigniola）、斯卡莫齐（Vincenzo Scamozzi）等意大利文艺复兴大师的建筑制图为楷模，完成了数量可观的"理论性制图"（theoretical drawings）。柯林·罗的论文以这些"理论性制图"为研究对象，并将论文标题定为《埃尼戈·琼斯的理论性制图及其来源和范围》（"The Theoretical Drawings of Inigo Jones, Their Source, and Scope"）。罗提出的论点是，琼斯理论性制图的目的是要写一本与帕拉第奥的《建筑四书》等量齐观的建筑学著作，[3]无奈造化弄人，琼斯未能完成这部著作便与世长辞。整个论文的思路和结论十分符合瓦尔堡研究院的学术期盼——用罗自己的话说，一切都"正是瓦尔堡人想要的"[4]：古典传统经过帕拉第奥的转化，在琼斯所处的地理和文化语境中得到传承和发扬光大。

1　Alina A.Payne, "Rudolf Wittkower and Architectural Principles in the Age of Modernism," *The Journal of the Society of Architectural Historians* 53 , September 1994, p.325.

2　Rudolf Wittkower, "Introduction," in *Architectural Principles in the Age of Humanism* (New York and London: W. W. Norton & Company, 1971). 这个《引言》写于1971年，没有出现在刘东洋的中文译本之中。

3　Anthony Vidler, *Histories of the Immediate Present: Inventing Architectural Modernism* (Cambridge, Massachusetts, and London, England: The MIT Press, 2008), pp.65-66.

4　Colin Rowe, "Introduction," in *As I Was Saying*, Vol.1, p.2.

柯林·罗在 1947 年 11 月提交论文，次年被授予学位。[5] 有趣的是，虽然这篇从未正式发表的论文被维特科尔称为"优秀"（brilliant），[6] 但是罗自己之后却似乎对之讳莫如深，只在为《诚如我曾经所言》的文集撰写引言而回顾自己的学术生涯之时有所提及。不过有趣的是，在此，罗称瓦尔堡研究院的老师对他的理解也许"有误"（deluded）。[7] 与此同时，1947 年 3 月在《建筑评论》上发表的《理想别墅的数学：帕拉第奥与勒·柯布西耶之比较》（"The Mathematics of the Ideal Villa: Palladio and Le Corbusier Compared"）却成为罗最重要的代表作品之一。该文删除副标题之后被收录在柯林·罗的这部自选文集之中，而且其主标题也成为整个文集书名的重要构成。然而，与硕士论文不同，该文没有得到维特科尔的认可，他甚至还在私下表达了对该文将勒·柯布西耶和帕拉第奥进行比较的"不满"（dismay）。[8] 这一点或许已经表明，尽管罗曾经对维特科尔情有独钟，并且追随其来到瓦尔堡研究院，但是他与这位前辈和导师在建筑观点和学术志趣上其实有太多不同之处，而这一切都在《理想别墅的数学》中得到足够充分的展现。

维特科尔《人文主义时代的建筑原理》的魅影与《理想别墅的数学》 02

作为一位艺术史学家，维特科尔的研究如同整个瓦尔堡研究院的研究一样，都是在艺术史的语境中展开的。他的文艺复兴建筑研究针对的是之前占主流地位的，甚至用维特科尔自己的话来说已经成为一种"默许"（taken for granted）[9] 的关于文艺复兴建筑的认识。这种认识将文艺复兴建筑视为一种尘世性（worldliness）、纯形式（pure form）、趣味（taste），甚至"享乐主义"（hedonism）的建筑。维特科尔在《人文主义时代的建筑原理》的注释中指出，这种观点的主要代表之一是拉斯金的《威尼斯之石》（The Stones of Venice）。[10] 另一方面，尽管杰弗里·斯科特（Geoffrey Scott）于 1914 年完成的《人文主义建筑学》（The Architecture of Humanism）对拉斯金的观点进行了抨

---

5 这个日期根据维德勒的叙述，见 Vidler, *Histories of the Immediate Present*, p.64.

6 Ibid.

7 Ibid.

8 根据卡拉贡的记述，这一情况是柯林·罗在 1988 年 8 月与他的一次谈话中提及的，见 Alexander Caragonne, *The Texas Rangers*, p.122, note 32.

9 Wittkower, *Architectural Principles of in the Age of Humanism*, p.15.

10 鲁道夫·维特科尔：《人文主义时代的建筑原理》，刘东洋译，北京：中国建筑工业出版社，2016，第 15 页。

击，但是在维特科尔看来，斯科特的结论同样值得商榷，因为他认为"文艺复兴风格……只是某种建筑艺术的趣味，它不会在提供愉悦之外去寻找逻辑、一致性或是理由。"[1]

图1- 斯科特
《人文主义建筑学》中文版封面
图2- 维特科尔
《人文主义时代的建筑原理》英文版封面

维特科尔《人文主义时代的建筑原理》的全部工作就是试图建立一种足以对上述观点形成挑战的认知。无论是之前已经发表的论述阿尔伯蒂和帕拉第奥建筑和理论写作中数学比例的内容，还是后来增加的关于文艺复兴建筑师用来取代拉丁十字式教堂平面的希腊十字式中心化教堂平面的章节，或是关于文艺复兴建筑师在和谐的数学比例与实际感受之间建立同一性的论点，维特科尔的研究都旨在说明，以比例关系（如毕达哥拉斯数学、音乐理论）和基本几何图形（如正方和圆）为载体的"人文主义时代的建筑原理"不仅贯穿在意大利文艺复兴建筑师的作品之中，而且是当时备受推崇的新柏拉图主义哲学和神学思想的一种体现，由此揭示的是意大利文艺复兴建筑的"象征"意义。

也许，这就是著名的文艺复兴艺术史学家詹姆斯·艾克曼（James Ackerman）将《人文主义时代的建筑原理》称为一部文艺复兴"建筑思想史"（the history of architectural thought）[2]的缘故，它将意大利文艺复兴建筑的象征性操作理解为一种基于比例法则和几何关系的智性诉求和思想活动，尽管这种诉求和思想活动产生的形式结果不可避免导致其与使用功能的冲突。最能说明这一点的也许是该书第一章论述的中心化教堂平面。受新柏拉图主义和"维特鲁威人"（the Vitruvius Figure）的影响，文艺复兴建筑师致力于将拉丁十字的教堂平面转变为希腊十字的中心化教堂平面。后者受到传统教会人士的强烈反对，不仅使诸多设计项目流产，而且已经建成的中心化教堂也被改建。但是，维特科尔指出，"翻开那个时期任何一部建筑文献或者任何一部建筑设计图册，人们几乎看不到不是希腊十字、圆形、椭圆或者多边形建筑平面的教堂。"[3]

对于维特科尔来说，这些教堂既是"人文主义"建筑师思想意识的印证，也是那个时代宗教观念变革的体现。维特科尔写道："文艺复兴教堂的这些理念意味着对宗

1 鲁道夫·维特科尔：《人文主义时代的建筑原理》，刘东洋译，北京：中国建筑工业出版社，2016，第15页。

2 James Ackerman, "Architectural Principles in the Age of Humanism by Rudolf Wittkower," *The Art Bulletin* (College Art Association, Sept. 1951,Vol.33, No.3), pp.195-200.

3 Ibid. p.195.

教思想本身的转变揭示，对于这一转变而言，从巴西利卡向中心化教堂的变化要比对上帝和世界的哲学解释的变化更具有象征意义。……拉丁十字平面是基督被钉在十字架上的象征表达。正如我们看到的，文艺复兴并没有忘却这一观念，但是

1 | 2

图1− 维特科尔
帕拉第奥别墅的平面分析
图2− 柯林·罗
马尔肯坦达别墅与加歇别墅的比较

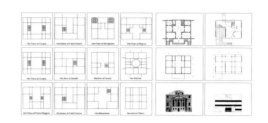

关于神性（Godhead）的理念改变了：基督的本质是完美与和谐，而不仅仅是为人类受难的袖；完美与和谐的基督（the Pantocrator）取代了受难的基督（the Man of Sorrow）。"[4]

维特科尔眼中的意大利文艺复兴时期的"人文主义"既非宗教意义的丧失，也非斯科特的"感官享受主义"，[5]而是宗教含义的全新内容。具体而言，就是用作为小宇宙（microcosm）的建筑来表达大宇宙（macrocosm）的神性、和谐比例和几何完美性。这一点固然受到源自古希腊的新柏拉图主义哲学和宇宙论（cosmology）的影响，但是它的表达却不限于教堂等宗教建筑，而且包括别墅这样的世俗性居住建筑——因此就有了帕拉第奥的非宗教性建筑中的比例问题。在研究方法上，正如前文已经说到的，除了得益于瓦尔堡和潘诺夫斯基图像学思想之外，维特科尔博士论文导师戈德施密特的"艺术史客观性"主张也发挥了至关重要的作用。后面一点尤其反映在维特科尔对帕拉第奥别墅建筑平面的分析之中。他重新绘制了帕拉第奥的一系列别墅平面，对它们进行抽象和简化，得出后来被广为人知和反复引用的11个帕拉第奥别墅平面的结构性分析图解。此外，维特科尔还归纳出了第12个平面，即帕拉第奥别墅平面的"几何模式"（geometrical pattern）图解。这些图解不属于《人文主义时代的建筑原理》中论述的意大利文艺复兴建筑中的数学比例、音乐理论和中心化教堂平面的直接内容，也不能像其他这些主题一样在那个时代的理论文献中找到佐证，却充分体现了维特科尔图像学研究的"形式句法"的一面。正是这些图解成为柯林·罗在《理想别墅的数学》中对帕拉第奥的马尔肯坦达别墅（Villa Malcontenta）和勒·柯布西耶的加歇别墅（Villa à Garches）进行的平面比较产生深刻影响的佐证。

如前所述，将帕拉第奥与勒·柯布西耶进行比较这个令维特科尔"不满"的举动似

---

4 Wittkower, *Architectural Principles of in the Age of Humanism*, p.30.

5 见杰弗里·斯科特：《人文主义建筑学——情趣史的研究》，张钦楠译，北京：中国建筑工业出版社，2012。

乎已经表明，罗从他的学术生涯伊始就有自己的不同诉求。有资料显示，维特科尔在自己的求学之初曾经修过一年建筑学，[1] 但是对艺术史的强烈兴趣最终使他放弃建筑学，转而全身心投入艺术史的学习。相比之下，尽管由于脊椎受伤导致无法伏案画图，以至不得不放弃成为建筑师的理想，转而进入历史理论的学习和研究，罗却始终无意成为维特科尔和瓦尔堡人那样的"专业"（professional）艺术史学家，而更愿意保持艺术史的"业余"（amateur），同时在建筑学问题上展现具有专业素养的"内行方法"（insider approach to architecture as a trained designer）。[2] 相应地，如果说维特科尔关注的是文艺复兴建筑以及与之相关的艺术史问题，那么罗试图超越的正是一种纯"艺术史"的研究。另一方面，他对古典和文艺复兴以及对维特科尔的兴趣都源自他对"时代精神"说所承载的过于简单的现代建筑认识的反思和批判，这导致他必然会把古典和文艺复兴研究与现代建筑联系在一起。

在罗那里，这种联系既不仅仅体现在现代建筑的历史层面，比如最先试图为现代建筑发展建立更为深远的历史谱系的埃米尔·考夫曼（Emil Kaufmann）的《从勒杜到勒·柯布西耶——自主性建筑的起源与发展》（*Von Ledoux bis Le Corbusier: Ursprung und Entwicklung der autonomen Architektur*）所表明的那样；[3] 也不能仅仅简化为一种图解性的"分析形式主义"（analytic formalism），而这正是戈瑞格·林恩（Greg Lynn）曾经试图阐述的。[4] 考夫曼试图建立的是一种抽象的历史谱系，以至于勒·柯布西耶的名字在全书中只出现过一两次，而柯布的建筑全无，更不要说任何具体的阐述和分析。因此，尽管维特科尔对"帕拉第奥的建筑原理"的研究以及在此基础上发展的平面图解对柯林·罗的研究产生了不可否认的影响，但是罗对帕拉第奥的马尔肯坦达别墅和柯布的加歇别墅之间的比较无论在内容还是在范畴上都更为广泛。正如柯林·罗后来在得克萨斯大学奥斯汀分校的学生亚历山大·卡拉贡（Alexander Caragone）概括的，如果表达平面的横向和纵向划分的简化平面体现了维特科尔平面图解的影响的话，那么"体块"（mass）、"体量"（volume）、中心化和去中心化的"组构"（composition）、"屋顶轮廓"（roof profile）、"结构体系"（structure）、平面的对称与非对称（plan）、几何－数学关系在平面和立面上的不同呈现（geometric-mathematical emphasis）、"风格"的迥异（style），以及"隐喻和暗示的品质"（metaphorical, allusive quality）等方面的比较已经大大超越了维特科尔。[5]

无视这一差异也导致戈瑞格·林恩对《理想别墅的数学》的片面理解。应该看到，不仅《理想别墅的数学》对加歇别墅与马尔肯坦达别墅的具体分析其实远非林恩所谓的"分析形式主义"，而且柯林·罗对柯布和帕拉第奥的设计理念以及他们在古典和个体价值之态度的同异进行的阐述也绝非这一"分析形式主义"可以等同。更

1 Benelli, "Rudolf Wittkower and Colin Rowe: Continuity and Fracture," p.237, column 1.

2 Vidler, *Histories of the Immediate Present*, p.63.

3 Emil Kaufmann, *Von Ledoux bis Le Corbusier: Ursprung und Entwicklung der autonomen Architektur* (Stuttgart: Verlag Gerd Hatje, 1933). 关于考夫曼这部著作的论述，见 Vidler, *Histories of the Immediate Present* 第一章。

4 Greg Lynn, "New Variations on the Rowe Complex,"*ANY* No. 7/8, Form Work: Colin Rowe (Anyone Corporation, 1994), pp.38-43.

5 Caragone, *The Texas Rangers*, p.125.

重要的是——而这也是人们常常忽视或者避而不谈的，《理想别墅的数学》伊始以萨伏伊别墅和圆厅别墅展现柯布和帕拉第奥理想别墅中的"诗情画意"，其恢宏的气势和描述不仅旨在说明这两个建筑在形式上更为"理想"，更符合"理想别墅"的主题，而且也向我们传递了这样的信息，所谓"理想"既体现在完美的几何形式和"数学"关系上面，也包涵着更为丰富的内容和寓意，从帕拉第奥笔下圆厅别墅的主人对"理想生活"的憧憬，到柯布为萨伏伊别墅的罗马典故和"维吉尔之梦"。而这一切岂是一个图解式的"分析形式主义"所能概括！

通过《理想别墅的数学》，柯林·罗在以勒·柯布西耶为代表的现代建筑和以帕拉第奥为代表的古典传统之间建立了全方位的联系。它突破历史的时空限制，将过去变成当代的一部分。纵观《理想别墅的数学及其他论文》，这种在现代建筑与历史（甚至是远古的历史）之间建立的时空跨越多次出现，尤能与《理想别墅的数学》相媲美的，除了《手法主义与现代建筑》中施沃布别墅 （Villa Schwob）与帕拉第奥自宅的空白镶板的类比，当数 1961 年发表的《拉图雷特》。通

图1– 勒·柯布西耶：《走向一种建筑》法文版封面
图2– 勒·柯布西耶：帕提农神庙作为精神的纯创造

过援引勒·柯布西耶《走向一种建筑》（Vers une architecture，通常译为《走向新建筑》）[6]中的文字，以及精心虚构的一个"造访者"（其实是罗自己），柯林·罗不仅向读者展现了观者在走进拉图雷特过程中充满戏剧性的心路历程，而且让拉图雷特与雅典卫城和作为至高无上的美学典范的帕提农神庙之间的复杂联系跃然纸上。

就此而言，正如卡拉贡指出的，罗似乎更接近瓦尔堡的思想状况。[7]不同的是，罗似乎对瓦尔堡学派的"图像学"传统多少有些不以为然——直到罗晚年的《美好意愿的建筑》（The Architecture of Good Intentions），"图像学"（Iconography）才成为书中一章的主题，而且更倾向于沃尔夫林直截了当的形式比较和解读。诚如罗在《理想别墅的数学》的《补遗》（"Attendum"）中所言：

> 一般认为，从相似的图形开始，进而确定差异，再根据特定分析（或者说风格）策略的逻辑性（或者规范性）找出对同一个一般母题进行变化的方式，这是沃尔夫林开创的一种艺术批评方法；当然，这一方法的局限性也十分显著。它无法正确处理图像学和内容的问题；也许过于一一对应；也许过于依赖细部分析，一旦赘述起来，必然使读者和作者都不堪重负。…… 但是，倘若普通直觉就可以告诉我们足够的东西，那么沃尔夫林式艺术批评（尽管令人尴尬地属于

6 关于这个问题的讨论，见王骏阳：《勒·柯布西耶 Vers une architecture 译名考》，载王骏阳：《理论·历史·批评（一）》，上海：同济大学出版社，2017

7 Ibid, p.124.

1900 年前后的那个时代）的价值仍在于，它能够让我们首先学会视觉观察，而不是装腔作势，卖弄学问，夸夸其谈。换言之，它的优点就在于易于入手——当然是对于那些乐此不疲的人而言的。[1]

与此同时，以《理想别墅的数学》为开端，一个被英译本《走向新建筑》（*Towards a New Architecture*）所扭曲的单向度的勒·柯布西耶，变成一个具有历史和传统向度的现代主义建筑师。一定意义上，正如柯林·罗在《手法主义与现代建筑》中指出的，这种扭曲也来自于柯布自己，特别是他将自己从法莱别墅（Villa Fallet）到施沃布别墅的早期作品排除在《作品全集》之外，为的是强调多米诺体系的"教化意义"（the didactic emphasis），尽管施沃布别墅曾经作为比例设计的案例之一出现在《走向一种建筑》之中。在笔者的教学经历中，每当讲到这里就有学生提问，柯布在做加歇别墅设计的时候，真的是将帕拉第奥的马尔肯坦达别墅作为参照吗？对于这一疑问我的看法是，与其将两者的相似视为一种"实证"，不如视为一种可能，一种柯林·罗理解的（甚至是希望的）现代建筑可能存在的状态。它打破了现代建筑与历史和传统断裂的迷思，展现了具有历史深度和传统精神的现代建筑。这样的理解在我们今天已经为人们广泛接受，但在当时无疑是突破性的——或者用罗自己在《新古典主义与现代建筑》中的表述，"在 1947 年，……这样的说法仍然令人瞠目（the supposition would still have appeared surprising）"。[2]

确实，《理想别墅的数学》在勒·柯布西耶和帕拉第奥之间建立的联系引发战后一代年轻建筑师的共鸣，让他们看到现代建筑的另一个维度。这也在很大程度上为《人文主义时代的建筑原理》带来了维特科尔自己始料不及的成功。有资料显示，维特科尔最初估计该书的印刷量为 300 本，后来在夫人的坚持下才增加至 500 本，而且，即使在第一次的 500 本销售一空之后，他也对出版社增印 500 本的决定表示太过乐观。[3] 而实际的情况是，《人文主义时代的建筑原理》很快成为欧美建筑院校和艺术院校的基础教学用书，甚至在 1950 年代被英国广播公司（BBC）列为成人教育读本，从而进入大众畅销书的行列。[4] 尽管后面这种"尊荣"反倒是《理想别墅的数学》没有享受到的，但是诚如维德勒指出的，如果不是柯林·罗的创造性转化，那么维特科尔对帕拉第奥建筑原则研究的"纯粹历史性的阐述"（pure historical statement）就只有艺术史的学术意义，而没有当代建筑的现实意义。维德勒将维特科尔与罗的影响形容为"双向的"（reciprocal）[5] 是不无道理的。

---

1 Rowe, "The Mathematics of the Ideal Villa," in *The Mathematics of the Ideal Villa and Other Essays*, p.16.

2 Rowe, "Neo-'Classicism' and Modern Architecture I," in *The Mathematics of the Ideal Villa and Other Essays*, p.121.

3 见 Payne, "Rudolf Wittkower and Architectural Principles in the Age of Modernism," p.324, footnote 12.

4 刘东洋：《译后记》，载《人文主义时代的建筑原理》，刘东洋译，北京：中国建筑工业出版社，2016，第 164 页。

5 Vidler, *Histories of the Immediate Present*, p.76.

如果说《理想别墅的数学》的诉求之一是传统艺术史与现代建筑学的结合，那么这种诉求至少在与《理想别墅的数学及其他论文》相关的两篇文章中得到柯林·罗的明确表述。首先是罗为发表于 1950 年的《手法主义与现代建筑》在收录进《理想别墅的数学及其他论文》所写的前言："如今，艺术史对手法主义的讨论已经达到 1950 年前后绝无可能的精微和冷静程度。但是另一方面，没有迹象表明当代建筑师对 16 世纪主题的了解已有长足的进步。人们对问题的认识仍然一分为二 —— 一部分是艺术史的，另一部分是现代建筑的——二者在同一合理诠释中相互融会的可能性至今仍然遥遥无期。"[6] 无论罗自己如何在前言中坦诚该文的晦涩和不足，《手法主义与现代建筑》都可以被视为柯林·罗将二者进行融合的又一次尝试。艺术史与现代建筑的结合也反映在《新"古典主义"与现代建筑》之中，其上、下两部分的长文标题似乎是在与《手法主义与现代建筑》遥相呼应。然而，即使没有如此直接的标题呼应，同样的联系也在《透明性》之中若隐若现，只是与"文艺复兴""手法主义""新'古典主义'"不同，这篇文章涉及的是现代艺术与现代建筑的关系。柯林·罗没有为该文添加前言来说明这一点，但是他在数年后的《透明性》（二）中这样写道："一方面，许多现代建筑师的反历史思想状态已经臭名昭著；另一方面，许多艺术史学家又不愿意进入对当代建筑进行严肃批评的领域，这是艺术史这门学科的严重缺陷。"[7]

诚然，米开朗基罗建筑中的手法主义也曾是维特科尔 1934 年发表的一篇研究论文的主题，这或许是维特科尔对柯林·罗学术影响的又一佐证。[8] 但是很显然，罗的兴趣点在于将手法主义与现代建筑联系起来。值得注意的是，与《手法主义与现代建筑》标题的次序不同，该文的切入点首先是建筑，更具体地说，是从对柯布 1916 年在其瑞士的家乡拉绍德封（La Chaux-de-Fonds）建成的施沃布别墅（Villa Schwob）的细致观察和描述开始，逐步引出与"手法主义"相关的理论议题。这一理论议题是什么？用维德勒的概括来说，作为"对文艺复兴以来的建筑史的思考和简练的重新梳理"，《手法主义与现代建筑》最终试图阐述的是"结构理性主义和功能的道德规范与折衷主义和如画观念的视觉要求之间的冲突，这一张力贯穿现代运动，表现为理性要求与视觉满足的矛盾"。[9] 在柯林·罗那里，这样的冲突和矛盾既是一个恒久的建筑学问题，也是他自己的建筑学理论方法的一个重要特点。

6 Rowe, "Mannerism and Modern Architecture," in *The Mathematics of the Ideal Villa and Other Essays*, p.29.

7 Colin Rowe and Robert Slutzky, "Transparency: Literal and Phenomenal, Part II," in *As I Was Saying*, Vol. 1, p.98.

8 Vidler, *Histories of the Immediate Present*, p.87.

9 Ibid. p.94.

图1- 勒·柯布西耶：施沃布别墅
图2- 吉迪恩
《空间、时间与建筑》英文版封面
图3、4- 吉迪恩
使室内外能够同时看到的广泛透明就像
毕加索的画……

一方面，柯林·罗确是从具体建筑现象的视觉观察引申出理论议题（而不是相反）的高手。这也许应该算是罗在瓦尔堡研究院的又一大收获，在那里他接触到了沃尔夫林的艺术研究方法。[1] 在这一点上，没有什么能够比上文已经引用过的柯林·罗在为《理想别墅的数学》提供的《补遗》所写的那段文字更能体现他对建筑理论的态度。从《理想别墅的数学》开始，一一对应的比较方法就成为罗的建筑研究和理论思辨的有力工具，并一直贯彻到作为罗晚期代表作的《拼贴城市》。然而纵观柯林·罗全部的理论写作，这种从具体细致的形式精读和比较中发展出理论议题的最著名案例也许还是《透明性：字面的与现象的》。它敏锐抓住现代建筑史家吉迪恩（Sigfried Giedion）在《空间、时间与建筑》（*Space, Time and Architecture*）中看似不经意间将包豪斯校舍的大片玻璃窗与毕加索的立体主义绘画统统称为"透明"的一小段文字和图片并置，以其作为线索发展出极具思辨性的"现象透明"的理论议题。

另一方面，正如英国学者阿德里安·福蒂（Andrian Forty）曾经指出的："罗的写作中一再出现的主题是在感知体验（what the senses experience）与智性理解（what the intellect knows）之间的建筑作品的张力；这也是在'一个适度思辨者'（a man of moderate sophistication）的眼睛所见与他通过平面和剖面的审视而获得的思想知识之间的张力。"在福蒂看来，最能说明这一点的莫过于罗的《拉图雷特》。在这篇文章中，"只有当注意力转向建筑的思想概念，由文字叙述的视觉体验才有意义，这也是视觉的见证开始减弱，并受到思想概念的检验和质疑的过程"。[2] 关于《拉图雷特》在思想观念和视觉体验之间复杂的起承转合以及整个文章的写作推进，笔者曾经在长文《阅读柯林·罗的〈拉图雷特〉》中有详细的阐述，[3] 这里不再重复。有趣的是，为具体说明罗是如何展现视觉与思想之间的张力，福蒂特别引述的一大段文字却来自《理想别墅的数学》，而不是《拉图雷特》：

> 加歇别墅大胆的空间设计依然令人震撼，但是有时看起来，似乎只
> 有智性——那种在真空状态运作的智性——才能理解这样的内部空

1 Vidler, *Histories of the Immediate Present*, p.62.

2 Adrian Forty, *Words and Buildings: A Vocabulary of Modern Architecture* (New York: Thames & Hudson, 2000), p.24.

3 参见本文集《阅读柯林·罗的〈拉图雷特〉》一文。

间。在加歇别墅，秩序与显而易见的随心所欲持续碰撞。概念上一切清澈如镜；但是，感性上一切又晦涩难解。既有等级观念的陈述，又有均质观念的反陈述。两个住宅的外部都一目了然，但是在内部，马尔肯坦达别墅的十字形中厅是理解整个建筑的线索；而在加歇别墅，无论站在哪里都不可能获得一个整体印象。这是因为，加歇别墅的地面和顶板必须平行，这使其间的一切体量变得势均力敌；这样一来，绝对焦点即便不是绝无可能，也只能任意而为。这是多米诺体系本身的悖论；勒·柯布西耶对之作出回应。他接受了水平延展的原则；因此，在加歇别墅，焦点被打破，聚焦被瓦解，支离破碎的中心向四周离散，而平面的边缘则妙趣横生。但是，正是这个概念上符合逻辑的水平延展体系与感觉上必不可少的建筑体块的严格边缘之间产生了矛盾；这使勒·柯布西耶在水平延展受阻的情况下不得不反其道而行之。也就是说，通过在巨大的建筑体块内挖出露台和屋顶花园，他引进了相反的力量；通过内聚元素与外向元素的抗衡，通过在延展的趋势中引进收敛的姿态，他再次同时使用冲突的策略。

1 | 2

图 1
勒·柯布西耶：加歇别墅
图 2
帕拉第奥：马尔肯坦达别墅

鉴于它的复杂性，最终的体系（或者说不同体系的共存）大大削弱了建筑的基本几何结构；边缘情节取代了帕拉第奥式的中心，它们与（露台和屋顶花园的）反转体相互结合，本质上与帕拉第奥的垂直展开策略如出一辙。[4]

这段来自《理想别墅的数学》的文字再次让我们看到瓦尔堡研究院期间的罗与维特科尔的巨大差异。如果说《人文主义时代的建筑原则》能够以艾克曼的观点被称为一部"建筑思想史"的话，那么正如有其他学者曾经指出的，通过将潘诺夫斯基的意义研究和戈德施密特艺术历史客观性相结合，维特科尔"提出了一种自觉的由智性推动的形式意志（a conscious intellect-driven will to form），其目的在

---

4 Rowe, "The Mathematics of the Ideal Villa," p.12.

于传播意义，因此也是以思想（mind）而非感性（the senses）为目的的"。[1] 诚然，《人文主义时代的建筑原理》没有完全否定感性在文艺复兴建筑中的作用。比如，关于"帕拉第奥的建筑原理"，维特科尔的阐述不仅涉及几何和比例，而且在该章的最后部分以帕拉第奥设计的救世主大教堂（the Redentore）为例，展现了帕拉第奥巧妙利用视觉和心理手段，通过中殿、半圆室和圣坛后的柱子形式的设计，确保不同空间之间的统一，形成"通向俗人无法靠近的世界的一种视觉和心理联系"。[2]

但是，由《理想别墅的数学》开启的柯林·罗式的在"感知体验"与"智性理解"之间的"张力"远非维特科尔展现的这种。为更好地说明这一点，有必要重新提及被维特科尔视为对立面的斯科特，以及与之有关的其他几位人物。前文已经说到，《人文主义时代的建筑原理》反对斯科特《人文主义建筑》的观点，后者将文艺复兴建筑视为一种纯形式的甚至是"享乐主义"的建筑，它将感知体验置于比抽象逻辑更重要的地位。这是因为斯科特质疑一切"机械性"的建筑观，认为它未能认识"事实"（fact）与"面貌"（appearance）的区别，以及"感知"（feeling）和"认知"（knowing）的区别。即使在建筑结构这样技术性的问题上，斯科特也主张"建筑艺术的研究的不是结构本身，而是结构效果对人的精神的影响"。[3] 斯科特的"人文主义建筑"观还深受当时在德语艺术理论界兴起的"移情论"（Einfühlung）的影响，以至他这样对"人文主义建筑"进行定义："我们把自己改写成建筑的术语。…… 这就是建筑的人文主义。"[4] 想必当初汪坦先生将《人文主义建筑学》收录在《建筑理论译丛》之中，多少也是出于对斯科特基本观点的赞同吧。就个人气质和学术志趣而言，柯林·罗与斯科特确有许多共同之处，比如他们都反对19世纪建筑理论中的浪漫主义、伦理主义、机械主义和生物主义"谬误"（fallacies）。我们甚至可以发现，罗晚年的《美好意愿的建筑》与《人文主义建筑学》在章节和主题上存在诸多对应。但是同样确切无疑的是，罗从未将自己视为一个"移情主义"者。也许，对于罗而言，尽管移情论是19世纪形式主义理论的重要基础，但是它过于缺少智性。罗更注重的是"观看"的审美体验与"智性"的关系。事实上，在与19世纪形式主义美学理论的关系上，罗比斯科特更倾向于沃尔夫林而非移情理论。[5]

另一个值得一提的人物是美国艺术史学家伯纳德·贝伦森（Bernard Berenson, 1865—1959），他一度与沃尔夫林一样，成为阿比·瓦尔堡批评的对象。作为一名文艺复兴艺术研究的学者，贝伦森十分强调感性，这既对后来更为关注纯粹形式本身的英国艺术理论如罗杰·弗雷（Roger Fry）和克利夫·贝尔（Clive Bell）的观点产生了影响，而且在某种意义上直接铸就了斯科特"绅士气质"（gentlemanlike）

1 Payne, "Rudolf Wittkower and Architectural Principles in the Age of Modernism," p.325.

2 维特科尔：《人文主义时代的建筑原理》，第 97-103 页，引自 103 页。

3 斯科特：《人文主义建筑学》，第 52 页。

4 同上，第 93 页。

5 关于沃尔夫林与"观看"的审美体验的关系，见 Mark Jarzombek, "De-Scribing the Language of Looking: Wölfflin and the History of Aesthetic Experientialism," *Assemblage* 23, 1994, pp.28-69.

的艺术观和建筑研究。在为《人文主义建筑学》所写的序言中，英国建筑史学家戴维·沃特金（David Watkin）一开始就告诉我们，斯科特是在第一次世界大战前夕，在伯纳德·贝伦森以及以后来成为哈佛大学意大利文艺复兴研究基地的塔蒂别墅（Villa I Tatti）为中心的文化圈人物的影响之下写就这部著作的。[6]

由于代际原因，罗未曾与贝伦森直接接触。但是维德勒指出，贝伦森的影响似乎在柯林·罗从一开始就与维特科尔和瓦尔堡学派的"专业"艺术史的暧昧关系以及他更为钟情的艺术史"业余"立场中体现出来。[7]贝伦森在柯林·罗的文字中多以零碎和间接的方式出现，比如，在对斯特令的回忆文章中，贝伦森被一闪而过，而在《诚如我曾经所言》（*As I was Saying*）第一卷的《在意大利的两次邂逅》（"Two Italian Encounters"）的文章中，罗回忆了自己 1947 年 7 月（也就是《理想别墅的数学》发表后四个月）和 1950 年 8 月的两次旅行，前者使他在第一次意大利之行中与后来成为哈佛大学意大利文艺复兴研究中心主任的美国艺术史学家克莱格·史密斯（Craig Smyth）相遇，这似乎为读者建立了与贝伦森的某种间接联系，后者则导致了他与巴黎美院布扎教育背景的美国建筑师亚瑟·布朗（Arthur Braown）的相识。也是在这篇文章中，罗提出了"设计室语言"（studio language）与"艺术史语言"（art historical language）之差异的观点。前者与罗早年在利物浦大学接受的建筑学教育有关，后者则是他后来在瓦尔堡研究院所经历的。据柯林·罗自己说，这两次邂逅使他深切感到直接体验美国学界的必要，而给罗这个直接体验的第一人就是耶鲁大学的建筑史学家亨利－罗素·希区柯克（Henry-Russell Hitchcock）。也许并非巧合，《诚如我曾经所言》第一卷中紧随《在意大利的两次邂逅》之后的正是一篇回忆希区柯克的文章。与前者一样，这篇文章也写于 1988 年，即希区柯克去世后的第二年。有观点认为，希区柯克思想中的贝伦森和斯科特气质也是吸引柯林·罗的原因之一。[8]确实，在这篇题为《亨利－罗素·希区柯克》的文章中，柯林·罗一再提及贝伦森，以至除了希区柯克本人之外，贝伦森是这篇文章中出现最多的名字。同样值得注意的现象是，在他的现代建筑论著《现代建筑：浪漫主义与重新整合》（*Modern Architecture: Romanticism and Reintegration*）中，希区柯克两次向斯科特表达敬意。他在附录的脚注中写道："本书即将出版之际，闻悉杰弗里·斯科特去世的消息。这一噩耗意味着自拉斯金以来最为杰出的一支笔已经停止对建筑的写作。但是《人文主义建筑学》将继续占有它的一席之地，提醒我们人文主义曾经拥有的比今天更为丰富的含义。"[9]

据柯林·罗自述，瓦尔堡研究院的学习结束后，罗向维特科尔提出去美国访学。维特科尔建议他去哈佛大学师从吉迪恩，后者不仅是现代运动和"现代建筑国际会议"

---

6 戴维·沃特金：《序言》，载《人文主义建筑学》，第 XXIV 页。

7 Vidler, *Histories of the Immediate Present*, p.63.

8 Alessandra Ponte, "Woefully Inadequate: Colin Rowe's Composition and Character," in *L'architettura come testo e la figura di Colin Rowe*, pp.(31-47) 31-32.

9 Henry-Russell Hitchcock, *Modern Architecture: Romanticism and Reintegration* (New York: Da Capo Press, Inc., 1993), p.236.

（CIAM）的风云人物，而且已经于1941年完成了根据自己在哈佛大学的讲学整理而成的现代建筑历史巨著《空间、时间与建筑》。在罗看来，这一推荐多少说明维特科尔对建筑学界的行情所知甚少（a something about which he knew nothing）。[1] 其实，正如前文已经说过的，对于吉迪恩的"时代精神"说和过于简单的现代建筑描述，柯林·罗历来评价不高。因此，罗没有采纳维特科尔的意见并不奇怪，他做出了"自己的决定"。1951年秋季，柯林·罗以福布莱特学者（Fulbright Scholarship）的身份，到耶鲁大学进行为期一年的访学，联系的导师正是希区柯克。

为申请这次访学，罗提交的探究计划是1860年以后的美国建筑，它试图通过两条线索认识美国建筑对当代建筑思想的贡献。第一条是以詹尼、沙里文、赖特为代表的芝加哥学派与商业建筑，第二条则是曾经备受利物浦建筑学院创始人查尔斯·瑞利推崇的纽约布扎建筑事务所麦基姆－米德－怀特（McKim, Mead & White）的实践和工作方法。[2] 如果说后一个线索后来没有在罗的研究成果中产生直接成果的话，那么1956年在《建筑评论》杂志发表并被收入《理想别墅的数学及其他论文》的《芝加哥框架》则可以追溯到这个研究计划。

可以将柯林·罗的这一研究视为对吉迪恩《空间、时间与建筑》体现的现代建筑史学观的一种质疑和批判。事实上，正如罗在文章的最后明确指出的，为勾画现代建筑发展的统一图景，吉迪恩将欧洲现代建筑与美国现代建筑混为一谈。作为沃尔夫林的学生，吉迪恩继承了沃氏的"时代精神"说，这一点曾经在《空间、时间与建筑》的《引言》（"Introduction"）中得到明确表述："作为一个艺术史学家，我是海因里希·沃尔夫林的门生。通过与他的个人接触以及他的讲座，我们，他的学生，学会了把握时代精神。"[3] 毫无疑问，统一图景是为"时代精神"说服务的。这导致吉迪恩对沃尔夫林形式比较方法中寻求相似性的一面更感兴趣，反倒忽视了差异的重要性。但是在柯林·罗看来，如果要全面和充分认识现代建筑，"最需要我们认真思考的并非它们之间的相似而是差异——尤其当它们的差异似乎一目了然之时，就更是如此"。[4]

确实，在《芝加哥框架》中，欧洲现代建筑与美国现代建筑的差异昭然若揭：前者理念在先，后者实践在先；前者是意识形态的，后者是实用主义的；前者致力于救世，后者服务于业主；前者抵制现实，后者是接受甚至拥抱现实。就框架这个具体的建筑结构形式而言，前者（多米诺体系）是建筑师的发明，后者（芝加哥框架）的最初设想甚至不是来自工程师，而是轧钢生产商的销售经理；前者是理念（idea），后者是事实（fact）；前者使柱和墙各自为政，后者将两者合二为一；前者是一个关于建筑学的普遍命题（the universal problem），后者是一个实用工具；前者是"一个

1　Rowe, "Henry-Russell Hitchcock," in As I Was Saying, Vol. 1, p.21.

2　Katia Mazzucco, "The Context of Colin Rowe's Meeting with Rudolf Wittkower and an Image of the 'Warburg Method'," in L'architettura come testo e la figura di Colin Rowe, p.233.

3　Sigfried Giedion, Space, Time and Architecture: The Growth of a New Tradition (Cambridge: Harvard University Press, 1982), pp.2-3.

4　Rowe, "Chicago Frame," in The Mathematics of the Ideal Villa and Other Essays, p.105.

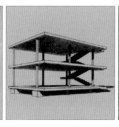

图 1– 希区柯克
《现代建筑：浪漫主义与重新整合》英文版封面
图 2– 勒·柯布西耶：多米诺体系
图 3– 希区柯克与约翰逊
《国际风格——1922 年以来的建筑》英文版封面

偶像，一个确保原真的信物，一个新秩序的征兆，一种抵制个体放任的保证，一个能将动摇不定的表现主义纳入理性外观的规则"，[5] 后者从未如此自命不凡。

但是，作为《芝加哥框架》一文的基础，罗的耶鲁访学计划与其说是反吉迪恩的，不如说是深受希区柯克的影响，特别是希氏在 1944 年的《瓦尔堡与考陶尔研究所期刊》上发表的赖特与 19 世纪布扎传统之关系的研究论文。[6]

对于希区柯克，国内学界最熟悉的无疑是他与菲利普·约翰逊（Philip Johnson）共同完成的《国际风格——1922 年以来的建筑》（ The International Style: Architecture since 1922 ）一书。该书在纽约当代艺术博物馆（MoMA）举办的展览基础之上于 1932 年出版，通常被认为是美国建筑学界在剥离了社会议题之后，从纯形式的角度对欧洲现代主义的认识，因而十分片面，也对现代建筑的形式化起到了推波助澜的作用。在《诚如我曾经所言》第一卷回忆希区柯克的文章中，罗这样为希氏辩护：希区柯克和约翰逊原本试图提出的是 "一种国际风格"（an International Style），只是由于时任纽约现代艺术博物馆馆长艾尔弗雷德·巴尔（Alfred Barr）的坚持才变成具有特定意义的 "国际风格"（the International Style）。[7]

这个小小的辩护不免有些软弱无力，但是在罗心目中，希区柯克更好的著作其实是 1929 年完成的《现代建筑：浪漫主义与重新整合》以及 1958 年完成的《19 与 20 世纪建筑》（Architecture: Nineteenth and Twentieth Centuries）。1958 年，罗为英国广播公司撰写一篇关于后面一部著作的书评，文中甚至认为，希氏这部著作的成就远在所有其他现代建筑历史论著之上，尽管事实上它不是作为一部现代建筑史（not a history of Modern architecture）来写的。[8] 它以跨大西洋的冷静审视欧洲建筑，又以世界主义的眼光看待美国建筑。它不再像 30 年之前的第一部著作那样使用 "新的先驱"（the new pioneers）这类松散的字眼（unqualified terms）。它是一部没有高潮的著作（a book without climax），却仍然是对现代建筑史无可替代的有益补充。在罗看来，反对宏大叙事，反对把当下作为历史的终点，抛弃现代建筑救世论以及与之相关的乌托邦和道德说教，寻求对现代建筑更为多元复杂

5 Rowe, "Chicago Frame," in *The Mathematics of the Ideal Villa and Other Essays*, p.107.

6 Mazzucco, "The Context of Colin Rowe's Meeting with Rudolf Wittkower and an Image of the 'Warburg Method', " 根据卡拉页提供的资料，该文的标题是《弗兰克·劳埃德·赖特与 1890 年代初期的学院传统》（Frank Lloyd Wright and the Academic Tradition of the Early 1890s）。见 Alexander Caragonne, *The Texas Rangers*, p.122.

7 Rowe, "Henry-Russell Hitchcock," p.18.

8 Rowe, "Review: Architecture: Nineteenth and Twentieth Century by Henry-Russell Hitchcock," in *As I Was Saying* Vol. 1, p.180 and 178.

图 1- 希区柯克：《绘画走向建筑》英文版扉页
图 2- 卡拉贡：《德州骑警——关于一个建筑先锋组织的笔记》英文版封面

的认识，这是希区柯克的著作与之前论述同一时期的其他著作的最大区别，也是希区柯克建筑思想的魅力所在。

另一方面，希区柯克根据美国米勒公司（The Miller Company）的现代艺术收藏于 1948 年完成的《绘画走向建筑》（*Painting toward Architecture*）对柯林·罗也有着无法抵抗的吸引。罗自己曾经在他为收录在《诚如我曾经所言》第一卷的《哈威尔·哈密尔顿·哈利斯致学院教员的信》（"Comments of Harwell Hamilton Harris to the Faculty"）一文所写的前言中明确表达了这一点。[1] 该文写于 1954 年，已经是罗离开耶鲁大学到得克萨斯大学奥斯汀分校任教之后，在那里，他与一批年轻同仁一起进行旨在改变在格罗皮乌斯主导下的哈佛大学版的包豪斯现代建筑教学模式。这就是已经被国内建筑学界反复提及的"德州骑警"（The Texas Rangers）教学改革。罗的前言表明，《绘画走向建筑》曾经对这一改革有着非凡的影响。同样深受《绘画走向建筑》影响的无疑是 1955-1956 年间与斯拉茨基合作完成的《透明性：字面的与现象的》一文，尽管罗自己并没有这样明言——也许，在罗那里，《绘画走向建筑》对《透明性》的影响如此明显以至于无需再说。

有一点是肯定的，无论希区柯克思想中的贝伦森和斯科特气质如何成为吸引柯林·罗的原因之一，罗在智性方面的要求显然要比斯科特和希区柯克要高得多。当然，这个智性也不是维特科尔曾经展现的那种。《人文主义时代的建筑原理》对文艺复兴建筑的智性理解几乎全部集中于几何与比例的层面，它"把建筑学视为一种科学，通过提倡用一套且唯一一套数学数比体系，将一个建筑的内部和外部整合起来"，并以此与上帝主宰宇宙秩序的"法则"相一致，就成为文艺复兴建筑师们的"基本公理"（basic axiom）。问题在于，在"上帝已死"的现代主义时代，这样的"基本公理"是否仍然适用？维特科尔自己并非完全没有意识到这一点，他对自己著作印刷数量的低估大概多少也与之有关。不过，在经过"始料不及"的成功之后，维特科尔似乎对比例对当代建筑的有效性重拾信心，并且将柯布的"模度"体系视为现代建筑"集人体测量学、几何、比例、模数，以及黄金比于一体的比例系统"。1951 年的米兰三年展（the Milan Triennale）将古代到柯布的比例发展作为主题之一，在同时举行的国际会议上，维特科尔作为嘉宾作主题发言（而柯林·罗则没有受到参加会议的邀请）。[2]

将这次会议视为比例理论的"回光返照"也许并不为过。事实证明，柯布的"模度"体系不仅未能给建筑学理论带来新的动力，而且也甚少在实践中得到运用。1957

---

1 Rowe, "The Comments of Harwell Hamilton Harris to the Faculty, May 25, 1954, " in *As I Was Saying*, Vol. 1, p.43.

2 Henry A. Millon, "Rudolf Wittkower, Architectural Principles in the Age of Humanism: Its Influence on the Development and Interpretation of Modern Architecture," *The Journal of the Society of Architectural Historians* Vol. 31, No. 2, May 1972, pp.(83-91)85 and footnote 11. 柯林·罗没有受到与会邀请的信息见 Benelli, "Rudolf Wittkower and Colin Rowe: Continuity and Fracture," p.238.

年英国皇家建筑师学会举行会议，以"比例系统使好的设计更容易产生，坏的设计更不易产生"（that Systems of Proportion make good design easier and bad design difficult）为议案进行辩论。建筑师彼得·史密森（Peter Smithson）在会议发言中指出，如果说比例系统对人们在 1948-1949 年间寻求的现代建筑与帕拉第奥的关联发挥了一定作用的话——很显然，这一关联很大程度上得益于柯林·罗的《理想别墅的数学》，那么到 1957 年一切时过境迁，比例系统曾经拥有的文化意义也逐渐消逝。[3] 有趣的是，此次辩论最后还对上述议题进行了投票表决，结果是 48 人赞成，60 人反对，否决了这个议题，这也相当于否决了比例对于当代设计的有效性。[4]

乍看起来，早于这场辩论十年写成的《理想别墅的数学》仍然恪守着比例和"数学"的议题。但是仔细分析起来，《理想别墅的数学》的立场其实明显别于维特科尔。柯林·罗的比较呈现出帕拉第奥和柯布的本质差异，前者相信"作为宇宙之和谐的一种投射，比例的基础——无论科学意义上的还是宗教意义上的——都不容置疑"，而柯布的立场则似是而非，至多只是将比例视为功能主义"客观性"诉求的一种变体。罗写道：

> 18 世纪，比例变成个体感觉和私人灵感的问题，帕拉第奥思想的理论基础随之土崩瓦解；而勒·柯布西耶，尽管因数学感到愉悦，但他所处的历史时期却不可能让他对比例死心塌地。也许，功能主义就是一种高度实证主义的企图，它要求重新肯定一种科学性的审美，贯穿其中的也许是那个古老的、最终导致柏拉图与亚里士多德之争的客观价值问题。但是，关键还是如何诠释这个问题。设计结果或许可以根据过程检验，但比例似乎还只能随心所欲；为了与这样的理论分庭抗礼，勒·柯布西耶才将数学模式置于自己的建筑之中。它们就是那个放之四海而皆准的"令人鼓舞的真理"（des verities réconfortantes）。[5]

柯林·罗揭秘柯布"令人鼓舞的真理"之说的用意正在于此：与其说它巩固了比例理论在现代建筑中的地位，不如说是瓦解了自身的基础。在这一点上，罗似乎早已持有与彼得·史密森相似的观点和立场。

然而值得强调的是，柯林·罗并没有因此放弃对现代建筑认识的智性诉求。相反，他试图在维特科尔和斯科特之间建立巧妙的平衡，寻求一种将"心"（mind）与"看"（eyes）融为一体、能够在现代主义绘画那里得到支持的新的"智性"（intellectuality）。

3　Ibid, p.86.
4　关于这次辩论，汪坦先生后来曾经撰文进行介绍，见《世界建筑》1992 年第 1 期，第 73-76 页。
5　Colin Rowe, "The Mathematics of the Ideal Villa," pp.8-9.

这让我们再次回到《透明性：字面的与现象的》中的"现象透明"概念。在这篇颇具争议的论文中，"现象透明"成为与"字面透明"不同的一种"透明"。简要地说，"字面透明"就是我们通常在玻璃等透明物质材料中可以看到的一种固有性质，它使我们可以透过该物质看到后面的其他存在，而"现象透明"则是一种"组织关系"（organization）的固有性质，是"字面透明"意义的衍生，并非一定都是一眼看透，甚至可以与视觉没有关系（如文学作品中"透明"）。因此，在罗和斯拉茨基看来，"人们或许可以在一种真实的（real）或者说字面的（literal）透明与一种现象的（phenemenal）或者说看似的（seeming）透明之间作出区分"。[1]

"字面透明"曾经在《透明性》中文单行本中被译为"物理层面的透明"。我以为，这是一个值得商榷的翻译，因为尽管罗和斯拉茨基曾经在一处使用"物理透明"（physical transparency）来说明 literal transparency，[2] 但是他们很快指出，"1911−1912年的任何一幅立体主义绘画都可以用来说明这两种类别的或者说两个层次的透明"。[3] 稍后，他们又将毕加索的《吹单簧管的人》（The Clarinet Player）和勃拉克的《葡萄牙人》（The Portuguese）分别视为 literal transparency 和 phenomenal transparency 的"先兆"（prevision）。[4] 逐渐地，人们发现，最能说明"literal transparency"的作品其实是莫霍利−纳吉（Moholy-Nagy）的《拉萨拉兹》（La Sarraz）。然而无论上述哪个作品，都如同一切试图表现空间的绘画一样，其实是在二维内表达三维，它"与处在写实的深空间之中的半透明物体的幻觉（trompe l'oeil）有关，[5] 而与"物理层面"的透明没有真正的关系——至多，它们只是"物理层面"的透明的一种表达。只有当建筑涉及真实的而非虚幻的三维之时，literal transparency 才成为一种"物理事实"（physical fact）。[6] 就此而言，"字面透明"也许是一个更接近罗和斯拉茨基原意的翻译。

那么，应该如何理解柯林·罗所谓"现象透明"中的"智性"呢？很显然，相较于"字面透明"——一种不能完全等同于"物理层面"的透明，但在任何一种情况下都只取决于视觉感知的透明，"现象透明"的认知不能仅仅依靠视觉来完成。更确切地说，它需要用"心"或者说是用"智性"进行观看。没有什么比《透明性》一文对加歇

1 | 2 | 3

图1− 罗／斯拉茨基
《透明性》单行本中文版封面
图2− 毕加索：《吹单簧管的人》
图3− 莫霍利−纳吉：《拉萨拉兹》

1 Rowe and Slutzky, "Transparency: Literal and Phenomenal," in *The Mathematics of the Ideal Villa and Other Essays*, p.161.

2 Ibid.

3 Ibid, p.162.

4 Ibid, p.164.

5 Ibid, p.166.

6 Ibid.

别墅的"现象透明"所做的阐述更能说明这一点。在这里，形成加歇别墅"现象透明"的"界面"及其重叠——也就是巴尔在立体主义绘画中看到的那种"叠面透明"（transparency of overlapping planes）——不能仅仅依靠视觉建立起来，而是一种"心/智性"的构建，尽管这一构建不能完全脱离视觉单独进行。罗和斯拉茨基写道：

> 在加歇，底层墙面凹进的位置由屋面上限定二层露台的两片独立式墙面再度确定；同样的深度陈述也在侧墙水平窗端部的玻璃门上有所体现。以此，勒·柯布西耶提出一个概念，即紧挨玻璃窗后面，有一个狭长的平行空间；而且，作为其结果，他理所当然地暗示了另一个概念——紧挨这个狭长空间的后面，存在一个界面，而建筑的底层、两侧的独立墙体，以及玻璃门的侧壁都是这个界面的组成部分；尽管人们可以将这个界面拒斥为明显的概念之便而非物理事实，但它挥之不去的存在却不容否认。一旦认识到由玻璃和混凝土组成的物理界面及其背后的这一假想的（却并非不真实的）界面，我们就会明白，这里的透明性并非由于玻璃窗的作用，而在于我们意识到的那些基本概念，它们"相互渗透，却不会在视觉上彼此破坏"。
>
> 显然，这两个界面还不是全部，因为第三个同样平行的表面也悄然而至。它界定着二层露台的后部墙面，且在其他平行元素中得到重复：花园阶梯的栏板、屋顶平台的栏板，还有三楼阳台的栏板。就其自身而言，每一个这样的平行面都不完整，甚至只是片断；然而正是在这些面的参照之下，加歇别墅的建筑立面才得以形成，它们一起暗示着内部建筑空间的垂直分层和一系列前后相随的侧向延展空间。[7]

这还没有涉及该建筑在竖向的"现象透明"（即由水平"界面"在垂直方向的叠加所形成的"现象透明"）。在罗和斯拉茨基看来，柯布的做法与莱热（Fernand Léger）的立体主义绘画《三张脸》（*Three Faces*）有异曲同工之妙。这一建筑化的（而

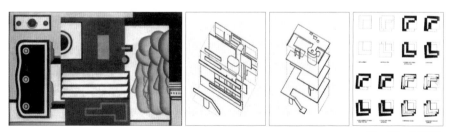

1 | 2 | 3 | 4

图1- 莱热：《三张脸》

图2、3- 赫斯利：加歇别墅与现象透明　图4- 艾森曼：加迪奥拉住宅设计概念图解

7　Ibid, p.168.

非只是绘画性的）"现象透明"在瑞士人伯纳德·赫斯利（Bernard Hoesli）的轴侧图中得到精妙绝伦的诠释。赫斯利曾经和柯林·罗一起进行得克萨斯大学奥斯汀分校教学改革，后返回苏黎世高工（ETH）建筑系，并为《透明性》德文单行本以及随后的英文单行本立下汗马功劳。它再次印证了福蒂所谓在柯林·罗写作中一再出现的"在感知体验与智性理解"之间存在的，或者说是在"'一个适度思辨者'的眼睛所见与他通过平面和剖面的审视而获得的思想知识之间"存在的那种张力。正是这一张力使柯林·罗在维特科尔和斯科特之间找到了巧妙平衡。其实，相对于维特科尔或者斯科特的著作来说，这样的平衡不仅需要"适度思辨"，而且需要极度思辨——用罗和斯拉茨基文中的另一个表述来说是"睿智"（cerebral refinements）[1] 才能完成。

这样的思辨绝非只是一种奢侈甚至无聊的智性游戏。相反，没有什么比柯林·罗在《透明性》中的工作更为建筑学的了。试想，建筑设计中经常使用以至人们已经视为理所当然的平面图、剖面图甚至严格意义上的立面图，以及现代建筑以来被广泛使用的轴侧图，哪一个是我们在现实世界中可以看到的呢？更不要说建筑学中常用的"空间叠加"或者"体量咬合"这类表达，以及数字化时代的"虚拟现实"了。甚至可以说，没有"现象透明"的意识，艾森曼为加迪奥拉住宅（Gardiola House）绘制的设计概念图解也是无法理解的。换言之，尽管"现象透明"常常是在概念层面发挥作用，但是谁能否定它们对建筑学科性至关重要的意义呢？

---

1 Rowe and Slutzky, "Transparency: Literal and Phenomenal," in *The Mathematics of the Ideal Villa and Other Essays*, p.170.

有学者指出，柯林·罗形式主义建筑思想有两个基本来源：一是 19 世纪发展起来的形式主义美学，其中对罗最有影响的是沃尔夫林、维特柯尔、贝伦森、斯科特等人，二是巴黎美院的布扎（Beaux-Arts）传统，这种影响从罗的利物浦大学建筑学院时期就已经开始，可谓根深蒂固。[2] 确实，在《理想别墅的数学及其他论文》中，除了 "用心观看" 的形式主义立场之外，一系列布扎语境中似曾相识的术语中时有出现，从 *parti* 到 *poché*，从 composition 到 character，为该书勾勒出一个若隐若现的布扎主题。当然，如果这部文集中有什么哪一篇文章相对集中地讨论了布扎传统的议题的话，那么写于 1953–1954 年间的《性格与组构——或论 19 世纪建筑词汇的某些演变》（"Character and Composition: or Some Vicissitudes of Architectural Vocabulary in the Nineteenth Century"）一文则当之无愧。

艾森曼曾经坦言，他于 1960 年秋季第一次读到这篇文章，却完全无法理解，既不熟悉该文提及的建筑案例，也对其理论含义一无所知。[3] 该文于 1974 年在艾森曼参与主编的《对立面》（*Oppositions*）杂志上发表，但是直到 2010 年，艾森曼才在威尼斯大学举办的柯林·罗专题研讨会上阐述了对该文的认识。在艾森曼看来，该文看似讲了一个简单的问题，即将建筑的平面（plan）问题归结为 "组构"，而将立面（*façade*）问题归结为 "性格"，但是真正的关键其实在于从建筑理论的概念层面向感知层面的转换，或者说从感知的思维层面向效果层面的转化（a shift from the more conceptual aspects of theory to the perceptual, and from the mental aspects of perception to the affective）。不过，艾森曼指出，罗的最终诉求在于二者的综合。[4] 艾森曼甚至认为，罗与 20 世纪另外两位重要的建筑史学家班纳姆和塔夫里一样，都有一个 "德勒兹式的共同点"（a Deleuzian commonplace），都将建筑学视为一种综合实践（a synthetic practice）。[5]

艾森曼的解读也许不乏德勒兹式的 "哲理"，但是他将《性格与组构》的核心视为一种思想与感知的 "综合" 似乎没有为我们理解柯林·罗的建筑思想带来多少新的认识，反倒将我们重新带回本文上一个小节已经讨论的主题。相比之下，艾森曼在该文的写作中对柯林·罗学术生涯的时间节点的梳理也许更有价值，因为它将《性

2 Ponte, "Woefully Inadequate: Colin Rowe's Composition and Character," pp.31–47.

3 Peter Eisenman, "The Rowe Synthesis," in *L'architettura come testo e la figura di Colin Rowe*, p.49.

4 Ibid, pp.49–50.

5 Ibid, p.57.

格与组构》视为罗在学术兴趣上远离维特科尔而去的又一体现。因为，如果说维特科尔的建筑研究被一种强烈的艺术史兴趣所主导的话，那么罗的建筑学背景则使他具备维特科尔所没有的优势——用意大利学者弗朗西斯科·贝内利（Francesco Benelli）的话来说，这也是"一位真正的建筑内行"（a genuine connoisseur of architecture）[1]的优势。某种意义上，正是柯林·罗对布扎传统和以勒·柯布西耶为代表的现代主义的精辟理解构成了这一"真正内行"的基础。

或许，这也是维德勒认为《人文主义时代的建筑原理》中将维特科尔和罗的平面图解分别对待的原因。在维德勒看来，维特科尔的平面只是理解单一历史现象并尝试对之进行平面描述的"强化性分析工具"（an analytical reinforcement），而罗在《理想别墅的数学》中的平面图解则是与设计相关的"范式形构"（paradigmatic configuration）。[2]这在很大程度上涉及柯林·罗在《理想别墅的数学及其他论文》以及其他诸多文章中反复强调的一个布扎传统，即平面在建筑设计过程中的关键作用——用柯布在《走向一种建筑》中曾经援引的布扎建筑理论教授朱利安·加代（Julien Guadet）的话来说，"平面是生成器"（Le plan est le générateur）。而"范式形构"的真正内涵，正如维德勒在另一处指出的，就是柯林·罗常常使用的布扎传统的核心概念之一——parti。[3]

"范式形构"的表述涉及parti概念的两个基本内容。首先是"范式"（paradigmmatic）。它在词源学上可以追溯到古希腊，但是其当代意义上的使用却源自科学哲学家托马斯·库恩（Thomas Kuhn）1962年的《科学革命的结构》(The Structure of Scientific Revolutions) 的"范式"（paradigm）概念。库恩认为，"范式"就是一个科学研究共同体成员共享的信仰、价值、技术等因素的集合，是他所谓的"常规科学"（normal science）赖以运作的理论基础和实践规范，也是科学家在研究中自觉或不自觉运用的模型或模式。作为一位科学哲学家，库恩使用这个概念的目的，还在于用它来表示科学史上某些重大的科学成就所形成的科学内在的机制和社会条件，以及由这种机制和条件构成的一种先于具体科学研究的思想和观念的基本框架。所谓"科学革命"就是"范式"的转换，尽管这个转换通常不会在一夜之间完成，而是一个长期积累的过程。

库恩的"范式"是一个需要放在科学发展历史中进行理解的比较宏观的概念，相比之下，维德勒的"范式形构"则没有这样的宏观性。但是，如果我们同意维德勒的观点，即"范式形构"其实就是布扎的parti，那么曾经作为诸多中国第一代建筑学人（梁思成、杨廷宝、童寯、谭垣等）之老师的保罗·克瑞（Paul Cret）有关parti的经典解释倒也与库恩的"范式"有几分相似。在克瑞看来，"Parti的意思就是派别团体（party），

1　Francesco Benelli, "Rudolf Wittkower and Colin Rowe: Continuity and Fracture," in L'architettura come testo e la figura di Colin Rowe, p.237, column 4.

2　Ibid, p.86.

3　Ibid, pp.62-63.

4　John F. Harbeson, The Study of Architectural Design (New York and London: W. W. Norton & Company, 1926), p.75.

5　Ibid.

就像在政界，既有共和党，又有民主党；人们必须通过选票进行选择，但并不知道谁会赢。因此，选择一个 *parti* 就是针对一个问题采取通向一种解决方案的立场，并希望按照 *parti* 的思路发展起来的建筑将带来问题的最佳解决方案（so, select a *parti* for a problem is to take an attitude toward a solution in the hope that a building developed on the lines indicated by it will give the best solution of the problem）。"[4]

上述克瑞的论点来自约翰·哈伯森（John F. Habeson）在《学习建筑设计》（*The Study of Architectural Design*）一书中的阐述，该书被中国建筑学界认为代表美国布扎理论对中国第一代建筑学人产生重要影响，而这一观点常常援引童寯先生 1932 年在《中国建筑》中对该书的推荐作为佐证。在这部著作中，哈伯森在引述克瑞之前将 *parti* 概括为学生为应对某个设计任务书（program）而在短时间内作出的解决方案（solution）。不同的解决方案意味着不同的 *partis*。[5] 在此，有两点值得注意：首先，

哈伯森
《学习建筑设计》
英文版封面

正如克瑞所言，这个 *parti* 严格说来只是针对设计问题所采取的"通向一种解决方案的立场"，需要在后面的设计深化中继续发展，并有望成为一个"最佳解决方案"；其次，*parti* 并非无中生有，而是在既有组织模式（指建筑的组织模式）之间作出选择——事实上，*parti* 源自 *prendre parti*，即 take position 或"选边站"的意思，[6] 宛如库恩那个带有某种先在性的"范式"在科学研究中的作用。此外，根据曾在宾大接受布扎建筑教育的谭垣先生的回忆，一旦以草图的形式确定 *parti*，就要此后的设计发展一以贯之，不能轻易更改，直至完成设计。[7] 这一说法也在其他相关文献上得到证实。[8]

因此，作为一种"范式"意义的"形构"（configuration），*parti* 既非一种"设计立意"，[9] 也非"平面构思图"，[10]（因为至少从字面意义上说，无论"设计立意"还是"平面构思图"都有可能是非 *parti* 的），而是一种先验性的"格局"。它既是一个平面问题，又不能仅仅归结为平面问题，而是需要在实际的方案推进中与建筑的内容计划（program）、结构形式、空间和体量组合（composition）中借用古斯塔夫·乌姆登斯托克（Gustav Umbdenstock, 1866–1940）的话如此表述：

> 平面的总体布局（the general disposition of a plan）——它的粗线条（broad lines）和体块（masses）——就是我们所谓的格局（*parti*）。我们说"一个对称格局"（a symmetrical *parti*）或者"一个非对称格局"（an asymmetrical *parti*）。一定意义上，它是平面的轮廓（silhouette）和一种能够使我们回应设计任务书 / 内容计划（program）要求的

6 Hyungmin Pai, *The Portfolio and the Diagram: Architecture, Discourse, and Modernity in America* (Cambridge, Massachusetts and London, England: The MIT Press, 2002), p.43.

7 卢永毅：《谭垣建筑设计教学思想及其渊源》，载《谭垣纪念文集》，同济大学建筑与城市规划学院编（北京：中国建筑工业出版社，2010），第 51 页。

8 见 Hyungmin Pai, *The Portfolio and the Diagram*, pp.43–44.

9 卢永毅：《谭垣建筑设计教学思想及其渊源》，第 51 和 64 页。

10 安托万·皮孔：《建筑图解：从抽象化到物质性》，周鸣浩译，《时代建筑》2016 年第 5 期（总 151 期），第 14 页。

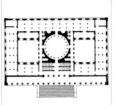

1 | 2 | 3

图1- 吕康
《组构与非组构——19与20世纪的建筑和理论》
英文版封插
图2- 欣克尔柏林老博物馆平面
图3- 勒·柯布西耶昌迪加尔议会大厦平面

图解（diagram）。它也完全可以与我们所谓的问题解决方法（the problem solving method）相对应。因此，它是一种综合概念（a synthetic conception），既寻求解决方案（solution），又具有一种先验的视野（a kind of a priori vision）。[1]

这在一定程度上解释了为什么柯林·罗对 parti 的使用有时与建筑平面明确联系在一起，而另一些时候又涉及建筑的其他方面的原因。在第一个方面，《理想别墅的数学》对马尔肯坦达别墅和加歇别墅的维特科尔式的平面比较已经不用再说，而在 1973 年为该文所写的《补遗》（"Addendum"）中，罗把辛克尔的柏林老博物馆（Berlin Altes Museum）和柯布的昌迪加尔议会大厦（Palace of the Assembly at Chandigarh）的平面放在一起比较，说它们的"格局"（parti）基本相同。[2] 这导致斯坦·艾伦（Stan Allen）后来的批评，艾伦指出，在这两个案例中，尽管平面图形（plan figures）有相似性，也就是在一个矩形框架内有一个圆形，但是这些图形的作用大相径庭。辛克尔的穹顶是内部的一个显著的虚性空间（void space），而柯布平面中的圆形却是界定议事大厅内外的一个具有主导地位的实体。由图形围合的空间性质显著不同，序列、对称、内部的等级关系，以及正面的表达都相去甚远。[3] 艾伦的批评固然不无道理，不过反过来说，这种不可辩驳的差异也许在一定程度上说明 parti 作为一个"范式形构"应该具有弹性和发展潜力。相比之下，柯林·罗在《新"古典主义"与现代建筑（一）》中的阐述没有特别强调平面，而只是指出当代建筑师受密斯的影响，将建筑的对称布局（symmetrical distribution）视为应对建筑目的的充足手段，并且在这样做的时候大致接近了典型的"帕拉第奥格局"（the characteristic Palladian parti），而《新"古典主义"与现代建筑（二）》则将密斯的克朗楼（Crown Hall）与帕拉第奥的圆厅别墅相提并论，指出它"帕拉第奥格局"的其他相似之处，比如"对称和四方，入口位于一个抬高的平台之上，好似圆厅别墅的基座，只是上部的门廊不复存在"。[4] 与此同时，柯林·罗敏锐意识到两者的本质差别：

正如典型的帕拉第奥组构（composition），克朗楼是一个左右对称且可能由数学关系规定的体量。但是，与典型的帕拉第奥组构

1 Jacques Lucan, *Composition and Non-composition: Architecture and Theory in the Nineteenth and Twentieth Centuries* (Lausanne: EPFL Press, distributed by Routledge, 2012), p.183.

2 Rowe, "The Mathematics of the Ideal Villa," p.16.

3 Stan Allen, "Addenda and Errata," *ANY* No. 7/8, p.28.

4 Rowe, "Neo-'Classicism' and Modern Architecture II," in *The Mathematics of the Ideal Villa and Other Essays*, p.140.

32

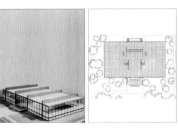  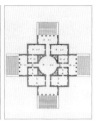

图1、2
密斯克朗楼模型及平面
图3、4
帕拉第奥
圆厅别墅立剖面及平面

不同，它的组织结构不是坡屋顶或拱顶形成的等级秩序和竖向的中心化主题。与圆厅别墅不同，但与1920年代的众多建筑组合如出一辙，克朗楼没有为观者提供有效的、可以在此驻足并且领悟整个建筑的中心区域。当观者还在建筑外部的时候，就可以大致领悟建筑的内部（尽管就此而言，密斯在建筑正面种植的一排树还是有一定的阻挡作用）；但是一旦进入内部，人们看到的不是空间的高潮，而是位于建筑中心的实体，诚然，这个实体没有强有力的表述，但仍呈现为一个独立的核心，在它的四周，空间沿外围的窗户溜边布置。还有，扁平的顶板引发某种向外的张力；并且，正因如此，尽管入口门厅以中心化方式进行处理，但是整个建筑空间仍然——即便是以极为简化的形式——保持着1920年代的旋转性和边缘化组织方式，而非真正的帕拉第奥或古典平面中起统领作用的中心化组构。[5]

细细品味这段文字，人们不难发现，这里的"格局"已经超越了平面维度，开始与"组构"发生关联。类似的理解也出现在肯尼斯·弗兰姆普敦（Kenneth Frampton）的《建构文化研究》（*Studies in Tectonic Culture*）之中。在这里，丹麦建筑师伍重的建筑中一再出现的"飞舞翱翔的屋顶"与"紧紧拥抱大地的基座"相结合的建筑"范式"被称为一种"格局"（*parti*）[6] 作为一种"范式形构"，

图1、2、3、4
伍重："屋顶"与"基座"的格局

这一"格局"代表了伍重最为基本的建筑学观念之一，也在伍重自己的建筑设计和建筑实践中发挥了至关重要的作用，从伍重在玛雅金字塔所在的高原获得的空间体验，到他对中国传统建筑的高度概念化的理解，从没有建成的哥本哈根世博会设计竞赛方案和伍重自己在悉尼的自宅方案，到集伍重辉煌职业生涯成就和重大挫折为一体的悉尼歌剧院。当然，正如笔者在其他语境中曾经强调指出的，在伍重那里，如果这一"格局"中的"飞舞翱翔的屋顶"具有本体的建筑学意义，那么它一定是与某种独特的结构形式融为一体的建筑表达。

---

5 Ibid, p.149.

6 肯尼斯·弗兰姆普敦：《建构文化研究——论19世纪和20世纪建筑中的建造诗学》，王骏阳译，北京：中国建筑工业出版社，2007，第253页。以及弗兰姆普敦：《中文版序言》，载《建构文化研究——论19世纪和20世纪建筑中的建造诗学》，第二次印刷，2008，第v页。

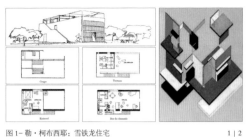

图1- 勒·柯布西耶：雪铁龙住宅

图2- 凡·杜斯堡：时空中的建造及风格派图式

1 | 2

柯林·罗从未对伍重有任何阐述，但是纵观《理想别墅的数学及其他论文》，我们无疑可以像在伍重的建筑中看到的那样，将 parti 理解为一种"设计概念"，但绝不是那种随手拣来为设计装潢门面的哲学或者文化说辞，也不是柯林·罗反复提及的贯穿在现代建筑发展过程中的宏大的历史和社会观念，而是一种具有"范式"意义而又十分具体的建筑概念——用柯林·罗的术语来说，这是一种"概念性实在"（conceptual reality）。[1] 柯布的多米诺住宅和雪铁龙住宅或者凡·杜斯堡（Theo van Doesburg）的风格派图式都是这种"概念性实在"的范例。关于前者，罗在《拉图雷特》中的阐述也许最为简洁明了且十分形象化。他将多米诺住宅称为"三明治体量"（sandwich volumes），即在水平楼板的严格限定之下，空间就像是夹在面包片之间的丰富多样的食材一样；与此同时，他将雪铁龙住宅称为"美加仑体量"（megaron volumes），这是美国建筑史学家文森特·斯卡利（Vincent Scully）借用古希腊建筑中一种称为"美加仑"的墙体围合形制而赋予雪铁龙住宅的，它被柯林·罗作为与"三明治"截然不同的另一种具有"格局"或者"范式"意义的"概念性实在"来看待——事实上，罗在此处同一页上也使用了"美加仑和三明治概念"（the megaron and sandwich concepts）的字眼。柯林·罗指出："纵观勒·柯布西耶的建筑生涯，美加仑概念与三明治概念一直交错出现，……普瓦西建筑三明治式的，而雪铁龙住宅则基本上是美加仑式的，三明治观念强调楼板，而美加仑观念则注重墙面。"[2] 二者分别作为修道院和小教堂，在拉图雷特修道院中结合为一个统一的整体。

当然，柯林·罗提醒我们，"尽管如同一切过于简单的分类一样，上述区分一旦僵化，很容易变得荒唐可笑"。[3] 他以加歇别墅为例，当我们带着上述概念面对这个建筑时，"我们不禁心存疑虑：它是一个三明治？还是一个美加仑？我们感到的是楼板的压力，还是端头墙面的压力？"[4] 在柯林·罗的建筑学理论中，这还与他对柯布的另一个认识有关，而这个认识对于我们"揭秘"《理想别墅的数学》最后结语中的"法则"一词的含义至关重要。不过，让我们把柯林·罗在这个问题上的论述留到本文最后，暂且将此刻的关注点从柯布的两个具有"范式形构"的"格局 / 概念性实在"转向凡·杜斯堡的风格派图式。

关于这个风格派图式，柯林·罗的诠释既可以理解为平面意义上的"格局"，也可以理解为空间意义上的"组构"。通常，人们总是将里特维尔德（Gerrit Rietveld）

1 Rowe, "La Tourette," p.196.

2 Ibid, p.197.

3 Ibid.

4 Ibid.

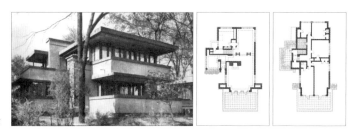

图1– 赖特：葛尔住宅
图2、3– 葛尔住宅一、二层平面

的施罗德住宅（Schröder House）或者密斯的巴塞罗那馆视为这一图式最为经典的建筑实现。有趣的是，柯林·罗在《芝加哥框架》中却以赖特为例，将赖特与风格派之间相互影响中的孰是孰非视为现代建筑史上的一桩"公案"。罗指出，尽管凡·杜斯堡的风格派图式在现代建筑史上名声显赫，但是早在凡·杜斯堡 1920 年代初期提出这个图式之前的 1909 年，赖特的葛尔住宅（Gale House）就已经呈现出相似的形式原则——在这里，纵横交错的"板状组合成为主导一切的建筑理念"。[5] 因此，与其将赖特的建筑视为风格派影响的产物（从葛尔住宅看，显然不是），不如将它视为赖特与其"芝加哥学派"的前辈们分道扬镳的起点更有意义。相较于芝加哥框架的"中性"（neutral）特质，赖特孜孜以求建筑形式、空间、结构之间更为有机的关系。也许，受希区柯克 1944 年在瓦尔堡杂志上发表的赖特研究的影响，柯林·罗在这个问题上的阐述颇能体现布扎传统的精髓：

> 对于赖特而言，恰如勒·柯布西耶信奉的那样，平面永远是形式的生成器，并且，倘若赖特早年设计的建筑平面还不算突出，那么到 1892 年，他的花朵住宅（Blossom House）设计就清楚表明，不懈的空间追求已成为他的主要兴趣所在，而这一兴趣在随后三十年间都强烈贯穿于赖特的几乎所有住宅设计之中。赖特的格局（partis）宛如天成。[6]

在此，柯林·罗不仅再次使用 parti 一词，以此借助布扎传统来诠释赖特的现代建筑理念，或者反过来说，通过现代建筑案例为布扎传统注入新的活力。它所强调的是平面作为"生成器"在赖特那里无与伦比的重要意义。正是在这一点上，赖特不仅有别于他称之为"亲爱的大师"的沙里文——在罗看来，"沙里文的建筑是结构理念先行的最佳案例，但是对平面的重要性几乎一无所知"，而且赖特在现代建筑大师中技高一筹，因为与柯布和密斯代表的"国际式"现代建筑中自成一体的结构（特别是柱子）"宛如空间的停顿，而非空间的限定"不同，赖特的结构"既创造了空间，也被空间创造"。[7] 不用说，作为"形式主义者"，柯林·罗从来不是一个技术

---

5 Rowe, "Chicago Frame," p.92.

6 Ibid, pp.96-98.

7 Ibid, pp.98-99.

决定论或唯技术主义者，但是通过布扎的 *parti* 格局概念，他对赖特建筑中平面与空间、结构、形式的互动作用的阐述至少说明，他对现代建筑有着怎样精辟的理解。

《构图原理》
中文译本封面

赖特的建筑不仅是"格局"在现代建筑中的"胜利"，而且充分体现了"组构"对于现代建筑的有效性。这一点似乎曾经被号称要为加代的《建筑学的元素与理论》书写 20 世纪续篇的《20 世纪建筑的形式与功能》（ *Forms and Functions of Twentieth Century Architecture* ）所认识。这是一部四卷本巨著，其中第一卷的内容是与功能、流线、结构、景观和室内有关的"建筑元素"（Elements of Building）；第二卷以"组合原理"（Principles of Composition）为主题，论述比例、尺度、韵律、性格特征、风格等问题，同时对结构体系进行分析；第三、第四卷则关注不同建筑类型，由相关领域的不同专家撰写。值得一提的是，该书第二卷前十章（省略该卷最后对结构体系的论述）曾经在 1979 年由南京工学院以《构图原理》（奚树祥译）为题翻译出版，1982 年建工出版社以《建筑的形式美的原则》（邹德侬译）为题再次出版。正如时任美国哥伦比亚大学建筑学院院长的利奥泼尔德·阿诺德（Leopold Arnaud）为该书所写的前言中阐述的，这部由塔尔伯特·哈姆林（Talbot Hamlin）主编、并由美国哥伦比亚大学出版社于 1952 年出版的著作的主要目的，就是将现代建筑发展以来新的结构类型、建筑的内容计划（program）、形式理念与加代的伟大著作进行对接，形成 20 世纪的布扎传统。乍看起来，这一目的与柯林·罗对布扎传统的现代诠释似乎不谋而合，而罗在该著作问世后不久撰写书评也更增加了这一契合的程度——根据罗自己的回忆，该书评是他在耶鲁大学时期的作品，而且还是在希区柯克的建议下撰写的。[1]

鉴于该书自诩为加代的续篇，柯林·罗在书评开始不久就提出这样两个问题：第一，"它的编者是否成功提供了一部可以取代加代的新著作？"第二，"是否有必要提供这样一部著作？"[2] 在笔者看来，柯林·罗的书评主要围绕第一个问题展开，而对于第二个问题基本没有回答——如果说有什么回答的话，那么他的回答在笔者看来应该是直接否定的，因为在说到第三、四卷对建筑类型及其内容计划的阐述时，罗指出这些对加代著作的更新本身也肯定面临持续且快速的变化，需要新的诠释，因此这类大全式的著作如果有必要的话，就必须不断补充新版，而这么做的可行性显然值得怀疑。

作为一个书评，柯林·罗肯定了该书的成功之处，特别是它对不同建筑元素功能需求的全面呈现，以及对不同结构方法及其在建筑表现中的作用的清晰描述，尽

1 Rowe,"Review: Forms and Functions of Twentieth Century Architecture by Talbot Hamlin," in *As I Was Saying* Vol. 1, p.107.

2 Ibid, p.108.

管这一描述忽视了预制和标准构件对建筑的影响。在罗看来，哈姆林在该书中的最佳之处在于对平面、功能和结构关系的论述，而这正是布扎的 *parti*/ 格局观念的精髓，说上述杰出之处得益于哈姆林的"折衷主义"血统的话，那么正是同样原因导致该书对建筑组构（architectural composition）认识的不足。受折衷主义传统的影响，哈姆林对"组构"的理解仍然停留在统一、均衡、韵律、序列、风格等方面，而这恰恰就是反对布扎传统的建筑师对所谓"组构原理"嗤之以鼻的原因。《性格与组构——或论 19 世纪建筑词汇的某些演变》告诉我们，拉斯金拒绝使用"组构"一词，而赖特则宣称"组构已死"（composition is dead）——当然，正如笔者在译注中指出的，赖特和拉斯金这里的 composition 译为中文的"构图"也许更为合适。[3] 同样，罗在书中指出，"组构"也不在柯布和格罗皮乌斯的建筑词汇之列。尽管如此，罗一针见血地指出，对建筑组合的思考从未真正远离现代主义的建筑实践，相反，现代主义建筑师常常在"组构"问题上煞费苦心。这倒不仅仅在于"任何组织过程都是组构的"（any process of organization is still one of composition），[4] 而在现代主义先锋派形成了自己特定的"组构"原则。如果说赖特的建筑还只是在实践的意义上体现了"组构"对于现代建筑的有效性话，那么在罗看来，荷兰"风格派"则以宣言的方式展现了这一"组构"原则。罗注意到，哈姆林在书中使用了两张蒙德里安的绘画，也提及这些绘画对乌德（J. J. P. Oud）和密斯的影响，"但是他似乎没有意识到蒙德里安的组构原则与之前的案例有多么不同，也没有意识到凡·杜斯堡在 1920 年代早期的影响对现代建筑发展发挥的催化作用。他没有能够清晰阐述风格派和构成主义的组构与加代那一代的原则如何背道而驰（absolutely opposed）"。[5]

在柯林·罗看来，加代的布扎传统秉承的是古典的中心化组合原则，而风格派和构成主义提出的则是一种"边缘化"组合（'peripheric' composition），即"不是围绕中心焦点发展，而是向画面或者墙面的边缘发展，而且在这样的情况下，它展现的不是重力（gravitational）概念，而是漂浮概念（levitational scheme）"。[6] 在《手法主义与现代建筑》中，这种"边缘化"组合被视为现代建筑的"手法主义"滥觞，除了荷兰的施罗德住宅之外，它似乎在早期德国先锋派建筑中影响最大，从密斯·凡·德·罗1923 年的乡村砖宅方案到 1926 年的包豪斯校舍（更不要说 1928 年的巴塞罗那德国馆）。与此同时，这种纵横交错的板片组合似乎从未在柯布那里如此强烈，但是正如《理想别墅的数学》试图展现的，"边缘化"组合以更加微妙的方式呈现在加歇别墅的平面和立面之中。事实上，在柯林·罗那里，"边缘化"组合是如此深刻影响现代主义以来的建筑，以至于像克朗楼这类通常被视为晚期密斯向古典主义回归的建筑，其特点之一仍然是强调建筑的边缘而非中心，这主要严格表现在由于楼板

---

3 Rowe, "Character and Composition: or Some Vicissitudes of Architectural Vocabulary in the Nineteenth Century," in *The Mathematics of the Ideal Villa and Other Essays*, p.61.

4 Rowe, "Review: Forms and Functions of Twentieth Century Architecture by Talbot Hamlin," p.114.

5 Ibid, p.115

6 Ibid.

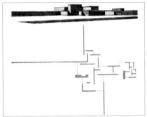

1 | 2 | 3

图1- 密斯
乡村砖宅方案
图2- 格罗皮乌斯
包豪斯校舍体量轴侧
图3- 勒·柯布西耶
加歇别墅

限定而导致的古典化主导空间（通常是挑高的中庭空间）的缺失，以及空间向边缘的自然延展。这也可以被理解为分为上下篇问世的《新"古典主义"与现代建筑》试图揭示的"新'古典主义'"的悖论之一吧。

罗的书评还指出，如同彼得·布莱克（Peter Blake）曾经注意到的，构成主义对马塞尔·布劳耶尔（Marcel Breuer）以及当代意大利设计都有影响。即使这一影响在哈佛大学研究生院新楼和马赛公寓上不是那么明显，但是由风格派演变而来的变体仍然不容忽视。在柯林·罗看来，"只有考虑了这些发展之后，一种当代的组合理论才有可能，而这些发展是无法用加代和折衷主义学派的美学予以解释的"。[1] 罗进一步指出，正是在这一点上哈姆林著作展现了最大不足，究其原因，或许在于哈姆林过于轻信了现代运动的说辞，它宣称自己只是一种理性过程而没有任何形式偏好。他没有认识到，就如历史上的伟大风格一样，现代建筑也有其形式组织原则。

不可否认，无论《20世纪建筑的形式与功能》的书评，还是《理想别墅的数学及其他论文》，都没有能够像雅克·吕康的《组构与非组构——19与20世纪的建筑与理论》那样全面阐述"组构"在19和20世纪建筑理论中的前世今生。但是人们也不难发现，柯林·罗的关注点与吕康议题存在诸多交织和重合，而且这些交织和重合对于我们理解罗在相关议题上的立场不无帮助。比如，在《性格与组构》中，罗提及赖特"组构已死"的主张，但是没有交待赖特这句话的语境，而这个语境恰恰是吕康阐述的。根据吕康的记述，这句话出现在赖特写于1928年的一篇从未发表的题为《为了建筑：组构作为创作方法》（"In the Cause of Architecture: Composition as Method of Creation"）的文章之中。他在宣称"组构已死"的同时，也期望有一种真正的创作方法能够取而代之。在赖特看来，这一方法就是"生长"（growth）。他写道："值得建筑花费时间的唯一方法就是生长。建筑师必须从他的主题中'生长'出建筑，从而使他的建筑如同任何一棵树或者任何一台发动机一样，是符合最终目的的思想和情感的自然表达。"[2] 可以认为，这是赖特"有机建筑"思想的另一种表述，而如果我们按照罗在《芝加哥框架》中的诠释，那

1 Rowe, "Review: Forms and Functions of Twentieth Century Architecture by Talbot Hamlin," p.116.

2 Jacques Lucan, *Composition and Non-composition*, p.293.

么赖特所谓的"生长"其实与"组构"并不矛盾，甚至就是一回事——它旨在以一种脱离了既定布扎格局的全新原则将建筑的形式、空间、结构组构为一个整体。

有趣的是，德国学者克里斯朵夫·施努尔（Christoph Schnoor）曾经根据柯林·罗给路易·康的一封信（据施努尔所言，这封信现存于得克萨斯大学奥斯汀分校"柯林·罗图书馆"）讲述了罗与康在这个问题上的分歧。罗写道："你谴责组构，因为它似乎不过是为效果而操纵形式。你希望'生长'出一个房子，而我希望'组构'（compose）它，或者至少说我非常看重'格局'（parti）。"罗同时解释了他对 composition 的理解："我不喜欢这个词，我更倾向于形式结构（formal structure），或者组织（organization），或者任何使我能够接受不可简约的事实（irreducible facts）并且找到其逻辑后果的章法（ordinance）。"[3] 因此，在《新'古典主义'与现代建筑（二）》中，罗将康的新泽西州特伦顿犹太社区中心方案仍然视为"组构"的而非"生长"的就不奇怪。在罗看来，它不仅以尚古的方式重温巴黎美院传统，而且与密斯的伊利诺伊理工学院图书馆与行政大楼有着相同的平面格局。二者的不同之处在于：

> 康不像密斯那样忌讳优雅结构的表现，他能够接受夸张的结构，甚至能够接受按照技术标准可能是武断和笨拙的结构。因此，他可以将密斯的柱子加粗，赋予它们体积，用它们形成空间，而不是空间中的探点；相应地，他用一群锥形屋顶取代密斯的平板屋顶；通过这些方法，他得以继续密斯的设计所指明的方向，而密斯自己却因一个可以理解的禁忌放弃了这个方向。换言之，康能够接受结构对空间的挤压；并且在这样做的时候，他能够坦然接受小型的中心焦点和个体的空间结构单元，以此为基础创造建筑。[4]

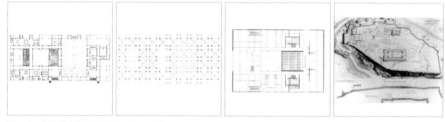

图1– 康：特伦顿犹太社区中心平面　　图3– 密斯：伊利诺伊理工学院图书馆与行政大楼平面　　1 | 2 | 3 | 4
图2– 特伦顿犹太社区中心平面　　图4– 雅典卫城总平面

换言之，尽管"格局"相似，两个建筑方案的最终结果却不尽相同。这既说明了从"格局"到设计结果之间巨大的发展空间，也说明在这个过程中"组构"能够发挥的不

3　Christoph Schnoor, "Colin Rowe: Space as Well-Composed Illusion," *Journal of Art Historiography*, Number 5. December 2011, p.5.

4　Rowe, "Neo- 'Classicism' and Modern Architecture II, "p.154.

同作用，从体量的组构，到不同建筑元素自身的变异，以及它们之间千差万别的组构方式。在柯林·罗看来，正是这种不同乃至对既有组构原则的突破，建筑才呈现出不同的"性格"（character）。用罗的话来说，这是一种"图谋不轨"（aberrations），它在上述两个案例中表现为康对密斯式禁忌的突破，具体而言，正是相对于康建筑中的坚固（firm）且有触摸感（palpable）的情境，密斯的建筑才更加显示出"精美"（delicate）和"细腻"（tentative）的特征。[1]

按照柯林·罗和早先一步到达得克萨斯大学奥斯汀分校的瑞士人伯恩哈特·赫斯利在1954年以时任建筑学院院长哈威尔·哈密尔顿·哈利斯（Harwell Hamilton Harris）的名义写给教员的一份意见书中的观点，布扎传统就是根据组构原则组织建筑素材，同时为这些素材赋予通常被称为性格特征的象征内容（the organization of architectural material according to the principles of composition and the infusing of that material with a symbolic content usually referred to as character）。[2]但是，作为一种20世纪的布扎传统，"象征内容"的重要性在柯林·罗那里显然被大大降低了，取而代之的是"性格"作为对"一般原则"的变异和超越。

在《性格与组构》中，从浪漫主义复兴到如画运动（the Picturesque），从哥特复兴到安妮女王（Queen Anne）时期，再到出现在美国的各种相似进程，性格与组构的此消彼长，时而以个性张扬和反对正统的面貌出现，时而又作为对真的诉求和新的绝对自我标榜。在这一发展过程中，"组构"先是作为打破和超越"柱式建筑学"的一种观念，继而又成为"性格"试图突破和超越的对象。

另一个值得注意的议题是"如画"（picturesque）。在雅克·吕康的论述中，"如画"并没有完全脱离布扎的学院体系，而是根据"希腊如画"（*Pittoresque grec*）中的"路径"（即法语中所谓的 *parcours*）观念所产生的一个不规则组构的范畴。它的最杰出案例是以离散的建筑单体组成的不规则整体而著称的雅典卫城。[3]相比之下，在柯林·罗那里，这种"特别适合新的、自由和非对称的组构关系"则被认为是"与学院传统的美学范畴相悖的"。[4]这显然与罗所涉及的有别于法国的英国建筑学语境不无关系。

换言之，在吕康的法兰西学院系统中，"如画"更像是一个非规则组构概念，而在罗的英国建筑学概念中，除了非规则组构，"如画"实际上已经与"性格"紧密联系在一起。它要么将性格理解为一种"氛围"（mood），要么作为"意图"（destination）的表露，甚至还可以适用于等级、种类和风格等问题，但是"就总体而言，无论性格的理解如何多样，它的存在都取决于某些明显的特点（particularity）"。[5]这导致

---

1 Rowe, "Neo- 'Classicism' and Modern Architecture II, "p.154.

2 Colin Rowe, "Comments of Harwell Hamilton Harris to the Faculty, May 25, 1954, "pp.48-49.

3 Lucan, *Composition and Non-composition*, Chapter 19 "Composition and Parcours: Auguste Choisy and the Greek Picturesque".

4 Rowe, "Character and Composition," p.65.

5 Ibid, pp.66-67.

追求"理想事物,追求通过视觉规范达到理想事物的物质化体现"的学院传统的土崩瓦解,人们对趣味、个体形式、本土习俗,以及在形形色色的特殊性和细节中产生的"性格"的关注与日俱增,并最终导致了浪漫主义变革。[6] 这一拉锯战你来我往,一直贯穿在自文艺复兴以来的建筑学发展之中。

进入 20 世纪,"德意志制造联盟"(The *Deutsche Werkbund*)中那场"典型"与"个性"的著名争论只不过是这种发展的又一个阶段而已。它说明,建筑学是在"规则"与"反规则"的不断交互中向前发展的。正是在这样的历史脉络中柯林·罗指出,"性格"的呈现并非在所有时代都被视为优秀建筑的前提,而这是哈姆林没有认识到的。[7]

在柯林·罗看来,一种积极的个人化和性格化表达需要在两个层面进行理解,而且认识到这两个层面的相互关系对于建筑学教育至关重要。一方面,正如罗和赫斯利在 1954 年的意见书中所说的,如果视觉外观是特征的结果的话,那么"性格"本身并不能仅仅通过操纵视觉效果而取得,因为它与"典型""规则""一般原则"一样,首先是建筑的一种内在品质而非表面效果,这或许就是"性格在成为显著品质之前,必须是一种含蓄品质(character must obviously be an implicit quality before it can become an explicit quality)"这句话的意思。[8]

另一方面,"典型""规则""一般原理"也不是一成不变,而是有其特定的历史性。对于柯林·罗来说,哈姆林的问题在于将性格仅仅视为一种个人化表现,又如同加代和 19 世纪折衷主义者一样,用非历史化的眼光看待组构原理,将其视为永恒。这其实也是哈姆林过于坚信古典原则的持久性,而不愿或者不能对现代建筑的组构原理充分认识的另一个原因。

如前所述,柯林·罗将多米诺体系和风格派图式视为现代建筑最为重要的两个"一般原则/范式"。这一观点在罗和赫斯利在 1954 年的意见书中再次得到表达。但是,作为一份关于建筑教学的意见书,罗和赫斯利并没有止步于经典现代建筑。相反,在认识到以布扎和包豪斯为代表的两种主要体系之后,他们提出"有必要思考何种参考框架可以被合法地认为是我们自己的"(it is necessary to consider what frame of reference we can legitimately assume to be our own)。这个"参照框架"就是后来享誉世界,并一度通过赫斯利返回瑞士之后在 ETH 建立的建筑基础教学,之后又影响到东南大学教学改革的"九宫格"建筑教学实践。这是一个试图吸取布扎和包豪斯各自优点,但又立足当代的教学改革框架。一方面,它是通过九宫格对布扎的"格局"(*parti*)概念作出的一种诠释;另一方面,正如建筑史学家维纳·奥希斯林

6 Ibid, p. 67.

7 Rowe, "Review: Forms and Functions of Twentieth Century Architecture by Talbot Hamlin," in *As I Was Saying* Vol. 1, pp.117-118.

8 Rowe, "Comments of Harwell Hamilton Harris to the Faculty, May 25, 1954," p.49.

（Werner Oechslin）曾经指出的，由于"透明性"问题的提出，它也成为寻求符合现代建筑原则的可靠设计方法（the search for a reliable design method in accordance with the principles of modern architecture）的一种尝试。[1] 罗和赫斯利写道：

> 强调当下不是拒绝过去。只有通过当下我们才能理解过去，通过发现自己时代的意志，学生才能理解其他时代的意志。评判当下就是做出一种历史判断，将当下视为一种最新的历史阶段才有可能逃离当下，认识到某些创造性活动只在某一特定的历史阶段才有可能有助于避免将未来理解为当下的永久延续。立足当下是为了避免堕入陈旧的过去，理解过去是为了防止将当下信以为最终的确定状态。只有通过对当下的历史判断以及对历史的当代判断才能获得有共识的批判标准。[2]

因此，尽管《理想别墅的数学》对加歇别墅和马尔肯坦达别墅的维特科尔式的形式比较常常被学者们认为是无视历史和思想语境的极端形式主义，而斯坦·艾伦也曾经用"历史的终结"（the end of history）来概括和质疑柯林·罗从《理想别墅的数学》到《拼贴城市》的思想特征，甚至认为罗与后现代同流合污，[3] 但是通过上述论述我们完全可以看到罗对历史性的清醒认识。事实上，与艾伦赋予罗的"历史的终结"的论点相反，罗始终坚信只有通过历史的眼光才能避免盲信当下，重蹈现代建筑史学家将现代作为历史终点的覆辙，也只有通过历史的眼光，才能在价值重估的基础上立足当下，避免堕入陈旧的过去。历史的眼光是柯林·罗看待创造性问题的关键。在罗看来，创造性完全可能会在突然间发生——所谓灵光一现，但是从来不会在真空中发生，也不会全无对形式的先前感知。历史先例的学习既是获取知识和经验的有效方法，也是发现自身原创性的途径之一。在这一点上，罗显然远离了包豪斯的主张，而在相当程度上认同了布扎的传统。

当然，正如我们已经看到的，柯林·罗对布扎传统的认同也伴随着对这一传统的价值重估和重新诠释。这一点似乎对 20 世纪中国建筑学似乎有着某种特别意义。一般认为，由于梁思成、杨挺宝、童寯等一代学人在美国宾夕法尼亚大学接受的美式布扎教育，现代中国建筑学的建立在很大程度上受到布扎传统的影响。但是这一影响在实际的建筑学教育中似乎主要体现在渲染图训练方面，[4] 而在建筑学观念中则主要体现在历史形式的"语汇"和"文法"方面。[5]

Composition 长期被译为"构图"，而不是"组合"（在这方面，彭一刚先生的《建

---

1 Werner Oechslin, " 'Transparency' : The Search for a Reliable Design Method in Accordance with the Principles of Modern Architecture," in *Transparency*, (Basel: Birkhäuser, 1997), pp.9-20.

2 Ibid, 47.

3 Stan Allen, "Addenda and Errata," p.33.

4 顾大庆：《中国的 '鲍扎' 建筑教育之历史沿革——移植、本土化和抵抗》，《建筑师》2007 年 4 月（总 126 期），第 5-15 页。

5 赖德霖：《构图与要素——学院派来源与梁思成 '文法－词汇' 表述及中国现代建筑》，《建筑师》2009 年 12 月（总 142 期），第 55-64 页。

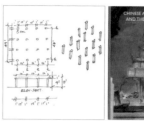

筑空间组合论》也许可以被视为一个例外）[6]，更谈不上柯林·罗意义上的"组构"。Parti 从来没有成为建筑学概念，而童寯先生称为"制图术语"的"剖碎"[7]实际是对 poché 所做的精彩绝伦的翻译却鲜为人知。在过去的十多年中，中国建筑学界不乏对"布扎"体系与中国现代建筑特别是现代建筑教育关系的关注，但是这些基本概念的问题似乎并没有得到真正的讨论和澄清。

1 | 2　图1- 海杜克：作为建筑设计训练基础的九宫格草图
图2-《中国建筑与布扎》英文版封面

在这些术语的问题上，柯林·罗的理解无疑值得我们注意。以 poché 为例，尽管在《理想别墅的数学及其他论文》中，相较于 parti、composition、character 等概念，poché 只在《理想别墅的数学》一文的《补遗》中出现一次，但是它却成为《拼贴城市》的核心概念之一。正是通过《拼贴城市》的重新诠释，柯林·罗使得这个"陈旧"的布扎术语焕发出新的意义。[8]另一方面，正如我们在《性格与组构》中可以看到的，在柯林·罗那里，"性格"与其说是外在形式操作的"显著品质"，不如说是作为制约和抗衡"一般原则／组构原理"的个性存在更为恰当。换言之，它并非"组构原理"或者"组构论"的一部分，反而更应该理解为"组构原理"或者"组构论"之外的某种存在。这多少让人想起晚年的冯纪忠先生，在他放弃学院派宏大的构图／组构原则之后，以"情"与"理"的交融和"支离"美学的解构重组达到个性诉求的建筑主张。也许，在所有这些问题上，柯林·罗所诠释的 20 世纪布扎传统仍然能够给我们带来正反两个方面的启示。

6 李华：《从布扎的知识结构看'新'而'中'的建筑实践》，《中国建筑 60 年（1949-2009）：历史理论研究》，朱剑飞主编，北京：中国建筑工业出版社，2009，第 33-45 页。

7 童寯：《美国本雪文尼亚大学建筑系简述》，载《童寯文集》第一卷，北京：中国建筑工业出版社，2000，第 224 页。在这里，童寯先生并没有标注外语原文，但从上下文和发音两方面来判断，"剖碎"应该就是 poché。

8 参见文集《柯林·罗与"拼贴城市"理论》的相关内容。

自由主义之魂

《理想别墅的数学及其他论文》与柯林·罗的建筑学理论（三）

如果说从 19 世纪发展起来的形式主义美学和巴黎美院的布扎传统确实可以为我们理解柯林·罗的形式主义建筑思想提供一个基本框架的话，那么笔者以为在这两个基本影响之外，还有第三个方面不容忽视，这就是与 19 世纪形式主义美学同时发展起来的自由主义政治思想在柯林·罗建筑理论中发挥的重要作用。乍看起来，自由主义与形式主义风马牛不相及，但是在《新"古典主义"与现代建筑（一）》的结尾部分，罗出人意料地将两者联系起来：

> "再没有什么比我们这个时代的人盲目轻视形式问题更加可悲"，德·托克维尔（de Tocqueville）曾经在 1830 年代这样写道，而且，正因他的观察切中本文议题的要害，才有必要引入这位赫赫有名的人物。"生活在民主时代的人不容易理解形式的作用"，他补充道。尽管他这里指的主要是社会和政治形式，但是形式本身的意义已经不言而喻。"民主国家自然比其他国家更需要形式"，他继续说道。"在贵族制度下"，他的结论是，"遵从形式就是迷信：而对于我们来说，应当以审慎而又开明的态度继承形式"。[1]

正如罗指出的，虽然托克维尔说的主要是社会和政治形式，特别是作为自由主义之基础的"法治"制度应该遵循的各项民主和司法程序，但是形式本身的意义已经不言而喻——在这里，程序就是形式，没有形式化的程序，法治制度将不复存在，自由主义的社会和政治基础将难以维系。换言之，对于柯林·罗来说，形式绝不空洞。反过来，任何内容又不能脱离形式，或者凌驾于形式之上。在罗那里，如果说形式的终极意义是人文主义的话，那么与维特科尔和斯科特的"人文主义"不同，罗还愿意为人文主义注入某种社会和政治的含义。

对于《理想别墅的数学及其他论文》的"导读"来说，这一点之所以值得强调，是因为大多数学者都将自由主义思想的呈现视为晚期柯林·罗的特点，这特别体现在他与弗雷德·科特（Fred Koetter）合著的《拼贴城市》之中。确实，这部柯林·罗晚期最为重要的著作不仅在字里行间流露出爱德蒙德·伯克（Edmund Burke）、以

---

1 Colin Rowe, "Neo-'Classicism' and Modern Architecture I," in *The Mathematics of the Ideal Villa and Other Essays*, p.134.

赛亚·伯林（Isaiah Berlin）、卡尔·波普尔（Karl Popper）等自由主义政治思想的影响，而且将城市视为在民主与法治、自由与正义、必然与偶然、传统与乌托邦之间进行协调的自由主义基本价值观的最终体现。而且，在《拼贴城市》中，这些都不是抽象理念的附会，而是基于图形－背景（figure-ground）的具体的形式操作。相比之下，自由主义的政治理念在《理想别墅的数学及其他论文》中也许只能算是一个若隐若现的思想线索而已。尽管如此，《新"古典主义"与现代建筑（一）》结尾部分的上述这段文字至少可以表明，如同形式主义美学和布扎传统一样，经典自由主义并非只是被一些学者视为罗晚期"后现代转向"的《拼贴城市》的特征，而是贯穿其毕生学术生涯的重要支柱之一。

据罗自己回忆，[2] 得克萨斯大学奥斯汀分校的建筑教学改革遭受挫折之后，当初志同道合的参与者心灰意冷，各奔东西。因海杜克（John Hejduk）等人的关系，柯林·罗分别在纽约库伯联盟（The Cooper Union）、休斯敦大学和康奈尔大学短暂停留一段时期，随后于 1958 年到英国剑桥大学任教至 1962 年。也就是在剑桥的这段时间，罗写下本书中的《拉图雷特》一文，它于 1961 年以《里昂埃沃－索尔·阿尔布雷勒的拉图雷特多明我会修道院》（"Dominican Monastery of La Tourette, Eveux-Sur Abresle, Lyon"）为题发表于《建筑评论》杂志。

罗在剑桥期间指导了包括安东尼·维德勒和彼得·艾森曼在内的学生。艾森曼于 1960 年到剑桥大学攻读博士学位，师从时任建筑学院院长莱斯利·马丁（Leslie Martin）。1961 年暑假，艾森曼与罗一起在欧洲旅行，参观文艺复兴以来的著名建筑，其中尤以朱塞佩·特拉尼（Giuseppe Terragni）的作品给艾森曼印象最深，从此开启艾森曼对特拉尼的法西斯宫（Casa del Fascio）长达 40 余年的研究。此外，据艾森曼回忆，他与罗一起参观帕拉第奥的蒙塔尼亚纳别墅（Villa Montagnana），这是他看到的第一个帕拉第奥别墅。在参观过程中，罗一再对艾森曼说："讲给我听听，什么是你眼睛看不到而你正在看的！"（'Tell me something about what you are looking at that you cannot see!'）。[3] 这不仅再次让我们想起贯穿《透明性》等柯林·罗写作的"以心观看"的特质，也为艾森曼自己后来提出的建筑形式的"深层结构"（deep structure）研究埋下思想的种子。不过，在剑桥大学，艾森曼还没有走那么远，他的博士论文《现代建筑的形式基础》（The Formal Basis of Modern Architecture）涉及的基本还是非"深层结构"的问题。尽管如此，对于艾森曼来说，罗的影响巨大而深远。在 1994 年 ANY 杂志的柯林·罗专辑中，艾森曼这样写道："柯林·罗、曼弗雷多·塔夫里，也许还有雷纳·班纳姆是 20 世纪下半叶最有影响的三位建筑思想家。对于我们这一

艾森曼
《现代建筑的形式基础》中文版封面

---

2 Colin Rowe, "Cambridge 1958-1962," in *As I Was Saying* Vol. 1, pp.131-134.

3 Peter Eisenman, "Bifurcating Rowe," in *Reckoning with Colin Rowe: Ten Architects Take Position*, ed. Emmanuel Petit (London: Routledge, 2015), p.57.

代人而言，他们的作用就像鲁道夫·维特科尔、海因里希·沃尔夫林，也许还有保罗·弗兰克尔（Paul Frankl）对于 20 世纪上半叶一代人的作用一样。"[1]

这是一份很有意思的思想资源谱系。如果艾森曼属于 20 世纪下半叶的一代，那么柯林·罗在这里显然被视为 20 世纪上半叶一代的代表之一。作为沃尔夫林曾经的学生和助手，弗兰克尔被视为一位开创了以"图解"（diagram）方式梳理建筑空间发展史的历史学家[2]——这似乎再次让我们看到从维特科尔到柯林·罗再到艾森曼的形式主义思想路线的一个共同之处，以及沃尔夫林在这一路线中的地位和影响。另一方面，艾森曼将塔夫里和班纳姆与罗并置，显示出他在继承柯林·罗从艺术史到建筑学的"形式主义"转向的基础之上，试图寻求 20 世纪后半叶建筑学发展中其他思想资源的愿望。熟悉艾森曼建筑思想发展的读者一定会想起他那基于形式"自主"的"批判建筑学"（critical architecture）主张，它一方面专注于建筑形式语言的本体自主，另一方面又赋予这一工作某种"批判性"，也就是在自主形式语言操作的同时，持续挑战和颠覆既定的形式语言体系本身。

图1- 乔姆斯基：《句法结构》中文版封面　　1 | 2
图2-《1968 年以来的建筑理论》英文版封面

尽管我们后面将会看到，这种意义上的"批判建筑学"与塔夫里的思想其实相去甚远，但是它确实为艾森曼超越柯林·罗的形式主义路线提供了某种思想支持。随之而来的是艾森曼于 1967－1968 年开始进行的一系列"卡纸板住宅"设计，以及 1970 年发表的《走向一种概念建筑的定义》（"Notes on Conceptual Architecture: Towards a Definition"）和 1979 年的《现代主义的角度——多米诺住宅与自我指涉的符号》（"Aspects of Modernism: Maison Dom-ino and the Self-Referential Sign"）等文。在"卡纸板住宅"中，语言学家乔姆斯基（Noam Chomsky）1957 年的《句法结构》（Syntactic Structures）成为艾森曼探索建筑形式"深层结构"最重要的理论基础，而"概念建筑"则试图将建筑学定义为一种脱离了感知，只在概念层面进行的形式操作。艾森曼在该文最后写道：

> 与概念艺术不同，概念建筑的任务不在于寻求一种符号系统或者说信码工具（coding device），也不在于使每一个位于特定语境中的形式具有一种约定俗成的意义。相反，概念建筑的价值在于探究形式的一般特质，它内在于一切形式和形式构建。在特定案例中，它的作用在于形成思维和理解的支点，即提供某种概念性维度，进而形成意义（一种句法维度的而非语义维度的意义）。[3]

1 Peter Eisenman, "Not the Last Word: The Intellectual Sheik," *ANY* No. 7/8, Form Work: Colin Rowe, Anyone Corporation, p.(66-69) 66.

2 Vidler, *Histories of the Immediate Present*, p.9.

3 Peter Eisenman, *Eisenman Inside Out* (New Haven and London: Yale University Press, 2004), p.23.

《自我指涉的符号》以勒·柯布西耶的多米诺住宅为具体案例，将一个被柯林·罗视为现代建筑最为重要的"建筑学命题"或者说"概念性实在"大卸八块，分解为没有"语义维度"只有"句法维度"的"自我指涉的符号"。用艾森曼的另一个表述来说，这是"一个关于建筑的建筑"（an architecture about architecture）。正如艾森曼自己在文中阐明的，这一立场针对的是柯林·罗，特别是罗的五篇论柯布的文章，其中三篇与眼下这部《理想别墅的数学及其他论文》相关，它们的标题"包含了把柯布西耶和文艺复兴建筑思维联系起来的关键词——《理想别墅的数学》《手法主义与现代建筑》以及《乌托邦建筑》"。4 在艾森曼看来，鉴于柯林·罗从维特科尔那里继承的"人文主义"观念，他对柯布建筑的解读仍然是文艺复兴式的，这与现代主义根本冲突，因为现代主义恰恰是对人文主义的批判。用艾森曼的话来说，作为自我指涉的符号，多米诺住宅也"成为与西方四百年来人文主义建筑传统的开创性断裂"。艾森曼因此要用他后来在《图解日志》中所谓的建筑的"内在性"（interiority）取代罗的历史"先在性"（anteriority）——这里的"先在性"不仅指文艺复兴，而且指一切建筑学的历史先在和知识积累，甚至包括建筑元素的功能性，如柱的结构支撑作用，等等。5

从"卡纸板住宅"到"自我指涉的符号"，艾森曼开始了自己的建筑发展之路。1999 年艾森曼在其纽约工作室接受尹一木和朱涛的访谈，其内容经过整理之后在《世界建筑》发表。艾森曼在访谈中将自己自博士论文之后的思想路线总结为三个阶段：即最初对乔姆斯基语言理论和俄国形式主义者罗曼·雅克布森（Roman Jakobson）为伍的第一阶段，这阶段到卡纸板住宅 6 号为止，是一个认识形式与结构之间关系的形式主义阶段；之后从列维-斯特劳斯（Claude Levi-Strauss）、巴特（Roland Barthes）和福柯（Michel Foucault）那里形成"结构主义"阶段，尝试区别形式主义与结构主义，思考结构之间的关系，将"结构"视为"没有明确形式的 DNA"，即一旦 DNA 的结构发生变化，形式也随之改变；第三阶段可以称为"后结构"，其理论基础是德里达（Jacques Derrida）、布兰肖（Maurice Blanchot）、巴塔耶（Georges Bataille）和德勒兹（Gilles Deleuze），当然还有尼采，这一阶段不再对原初形式的信仰，也没有对原初结构的信仰，因为这一信仰具有与形式同样的问题，都必然牵涉所指和能指的先验关系。但是"后结构"已经放弃对先验能指的立场，以及对一种在场的理论和在场的形而上学的信仰。6 尽管经历了不同阶段———定意义上，这些不同阶段也是艾森曼"批判

1 | 2　　　　　　　　　　　　　　　图1-《对立面读本》英文版封面
图2-《五位建筑师：艾森曼，格雷夫斯，格瓦思梅，海杜克，迈耶》英文版封面

---

4 彼得·艾森曼：《现代主义的角度——多米诺住宅和自我指涉符号》，范凌译，《时代建筑》2007 年第 6 期（总 98 期），第 109 页。

5 见彼得·艾森曼：《图解日志》，陈欣欣、何健译，北京：中国建筑工业出版社，2005，第 36–93 页。在这里艾森曼通过对"先在性之图解"（diagrams of anteriority）的批判，提出了自己的"内在性之图解"（diagrams of interiority）的主张。

6 尹一木、朱涛：《采访艾森曼》，《世界建筑》1999 年第 7 期（总 109 期），第 67–71 页。

47

性建筑"自我反省和自我颠覆的过程，但是我们可以将这一切视为艾森曼向彻底的形式主义发展的过程。一般认为，形式主义就是强调建筑的形式自主，一方面反对建筑的功能和技术决定论，另一方面又反对将建筑视为社会、政治和意识形态的工具。然而另一方面，艾森曼的"自主性建筑学"（autonomous architecture）又是"批判性建筑学"（critical architecture）的同义词，或者说是同一个硬币的两面。"自主"就是"自治"，就是"抵抗""对抗""颠覆"，无论在学科的层面还是社会的层面。有学者认为，这种"自主性"理解也在一定程度上对当代中国建筑实践产生了影响。[1] 需要提问的是，柯林·罗的"形式主义"是否如此呢？在这一点上，柯林·罗为《五位建筑师：艾森曼，格雷夫斯，格瓦思梅，海杜克，迈耶》（*Five Architects: Eisenman, Graves, Gwathmey, Hejduk, Meier*）一书所写的《五位建筑师引言》（"Introduction to Five Architects"）也许能为我们提供某种解答。

作为战后建筑学发展的一个重要文献，柯林·罗的这个引言曾经被迈克尔·海斯（Michael Hays）收录在《1968 年以来的建筑理论》（*Architecture Theory since 1968*）之中。该文的写作背景与此前发生的一系列事件有关。柯林·罗于 1963 年重回康奈尔大学任教。差不多与此同时，艾森曼在完成博士论文之后到普林斯敦任教，还动员在英国《建筑设计》（*The Architectural Design*）杂志任职的肯尼斯·弗兰姆普顿一同前往，之后又迎来维德勒的加盟。1964 年 11 月，艾森曼召集在普林斯顿大学的建筑理论研讨会，罗、弗兰姆普敦、文丘里、建筑史学家文森特·斯卡利等一大批人与会。尽管之后文丘里和斯卡利拒绝延续这一会议，它还是以"建筑师环境研究会议"（Conference of Architects for the Study of the Environment，简称 CASE）的形式在此后的数年中持续召开。1967 年，艾森曼与柯林·罗等人一起成立"建筑与城市研究所"（The Institute of Architecture and Urban Studies，简称 IAUS），并于 1973 年创刊《对立面 —— 一份建筑思想和批评的杂志》（*Oppositions: A Journal for Ideas and Criticism in Architecture*）。直到 1984 年停刊，这份杂志都是那个时代建筑理论最有影响力的出版物。但是，按照斯坦福·安德森（Stanford Anderson）的说法，首次让这些工作真正进入公众视野的却是 1969 年在 MoMA 举办的 CASE 会议。[2] 该次会议由时任 MoMA 建筑部主任阿瑟·德莱克斯勒（Arthur Drexler）和柯林·罗共同组织，最终形成一个以艾森曼、格雷夫斯（Michael Graves）、格瓦斯梅（Charles Gwathmey）、海杜克和迈耶（Richard Meier）组成的"纽约五"（The New York Five）建筑师作品展。这个展览于 1972 年成书，罗的《引言》正是为该书而写。

《五位建筑师：艾森曼，格雷夫斯，格瓦思梅，海杜克，迈耶》的出版引发激烈争论。作为争论的一部分，1973 年 5 月的《建筑论坛》（*Architectural Forum*）杂志以"五

1 朱剑飞：《批评的进化：中国与西方的交流》，薛志毅译，《时代建筑》2006 年第 5 期（总 91 期），第 59–61 页。

2 斯坦福·安德森：《开放的模型——以勒·柯布西耶的多米诺住宅为例》，载《建筑理论的多元视野》，卢永毅主编，北京：中国建筑工业出版社，2009，第 163 页。

3 这五位建筑师是：Romaldo Giurgola, Allan Greenberg, Charles Moore, Jaquelin T. Robertson, and Robert A. M. Stern. 有趣的是，其中的雅克林·罗伯森曾经与艾森曼在剑桥大学共事，并于 1970 和 1980 年代合伙主持设计事务所，尽管他们的作品都是分别设计和署名的，而罗则在剑桥的回忆文章以及后来的《理念、才华、诗——宣言的问题》（"Ideas, Talent, Poetics: A Problem of Manifesto"）中提到罗伯森。

论五"（Five on Five）为主题发表查尔斯·摩尔（Charles Moore）等五位建筑师的评论文章，[3]由此引发所谓以文丘里为"精神领袖"的"灰色派"（the 'Grays'）对"白色派"（the 'Whites'）的论战。稍后，塔夫里以《美国涂鸦——5×5 = 25》（"American Graffiti: Five×Five = Twenty-five" 为题撰文，需要说明的是，这是该期杂志封面和目录中的标题，正文的标题是"'European Graffiti.' Five×Five = Twenty-five"），其英文译文在 1976 年的《对立面》第 5 期上发表。相对于"灰色派"的批评将着眼点集中于"白色派"现代主义形式美学导致对场地和使用者的无视以及与日常生活的脱离，柯林·罗的引言和塔夫里的评论都更强调现代主义形式与意识形态的关系。

塔夫里在文中直言，他无意将"纽约五"视为一个同质的团体。因此，他不惜笔墨对五人及其作品细致分析，以便看出他们的差异。尽管如此，他在文章的最后仍然认为，对这几个建筑师作品的分析"有助于我们追踪和剖析一种特殊的思想状态，它在当代美国建筑文化中发生了扭曲。我们也许还可以说，与康的神秘学派或者文丘里灵巧的反讽不同，这一思想状态的特点就是从最初的先锋派传统那里退却，而真正应该做的

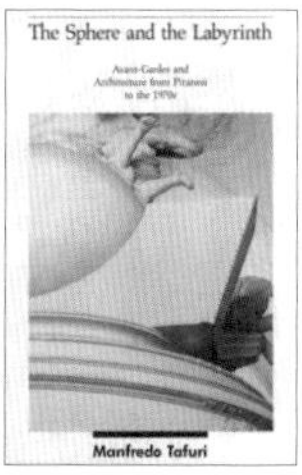

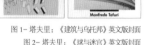

图 1– 塔夫里：《建筑与乌托邦》英文版封面
图 2– 塔夫里：《球与迷宫》英文版封面

是对这一传统进行梳理，从而形成一种延续"。[4]熟悉塔夫里思想的读者也许不难意识到，这里所谓"对先锋派最初传统的梳理"正是他自己在从《走向建筑的意识形态批判》（"Toward a Critique of Architectural Ideology"）到《建筑与乌托邦——设计与资本主义发展》（Architecture and Utopia: Design and Capitalist Development）再到《球与迷宫——从皮拉内西到 1970 年代的先锋派与建筑》（The Sphere and the Labyrinth: Avant-Gardes and Architecture from Piranesi to the 1970s）的著作中进行的工作。简言之，历史先锋派与现代运动对社会改造的积极参与是这一传统的核心。尽管塔夫里从一开始就宣称要对现代建筑的意识形态进行批判，但是他这样做的目的并不是要否定现代建筑的社会参与，而是为了寻求更为有效的建筑参与（而不是退却）社会改造的方式。在塔夫里看来，"纽约五"抛弃了这一传统，他们能够做的只是"在墙的下面留下涂鸦，为自己的简明存在留下无声的证词"。[5]这解释了弗兰姆普敦在为该文所写的导读中得出的结论，塔夫里实际上是将此前已经发表的《闺房中的建筑学》（"Architecture dans le Boudoir"）的批评方法运用在对"纽约五"的评论之中。[6]

柯林·罗的《引言》与塔夫里的批评有诸多不同，首先，它几乎没有涉及这些作品本身。罗把主要笔墨都留给一个问题：现代建筑在"词"与"物"，或者用他自己的术语来说，在"灵"（morale）与"肉"（physique）之间的不一致。现代建筑的正统理论声称——尽管正如罗在《新"古典主义"与现代建筑（一）》中指出的："这

4 Manfredo Tafuri, "'European Graffiti.' Five×Five = Twenty-five," *Oppositions* No.5, Summer 1976, pp.35-74 (71).

5 Ibid.

6 Ibid, p.35.

一 '正统理论'（orthodox theory）并不那么容易验明正身，它既不能等同于某种一成不变的教条，也不能简化为一套原则，毋宁说是箴言和论点的集合，不成条理，却可以从中得出某些推论"[1]——现代建筑是一种"事实"的"客观"结果，没有风格的偏见，它是时代的必然产物，或许还是拯救社会的一剂良药。简言之，它是 19 世纪诸多思想的混合——实证主义、历史决定论、社会乌托邦，而这些都与柯林·罗崇尚的"形式主义"和"自由主义"这两个 19 世纪思想背道而驰。

但是，罗再次强调指出，尽管格罗皮乌斯说包豪斯不是风格而是"方法"，尽管密斯宣称"不承认形式（form）问题，只承认建造（building）问题"，现代建筑对风格和形式的关注甚至偏好有目共睹，功能或技术并没有成为决定形式的必然因素。毋宁说在技术方面，正如罗早在《理想别墅的数学》中所言，结构的理由常常被夸大其辞——"帕拉第奥宣称，承重墙结构要求绝对对称；而勒·柯布西耶则声言，框架建筑需要自由布置：但这些无疑（至少部分而言）是对最新样式的个性化追求，因为采用传统结构的非对称建筑仍然有效，而在框架建筑中采用传统平面也会产生令人满意的结果"[2]。

另一方面，柯林·罗在为《五位建筑师：艾森曼，格雷夫斯，格瓦思梅，海杜克，迈耶》所写的引言中指出，现代建筑的"历史必然性"并没能够化解"事实/科学"与"趣味/艺术"之间的矛盾，反而导致了这样一种悖论："建筑，如果一以贯之地进行推论的话，只有在建筑师压抑他的个性、性情、趣味和文化传统之时才是道德上可以接受的。"但是这样一来，他的工作又缺乏时代精神的历史"神性"，他的"客观性"和"科学思维"只能"阻碍历史的无情变化，因而被认为阻碍人类的进步"[3]。

更糟糕的是，在罗看来，现代建筑的社会乌托邦从未得到实现。这种在"预期的"（what was anticipated）与"实际提供的"（what has been delivered）之间的巨大反差再次反映了现代建筑"词"与"物"、"灵"与"肉"的不一致——正是这种反差构成了《拼贴城市》第一篇章关于"乌托邦——土崩瓦解？"（Utopia: Decline and Fall?）的议题。不过，在《五位建筑师引言》中，罗似乎更愿意再次强调美国现代建筑与欧洲现代建筑的不同。罗指出，如同我们之前在《芝加哥框架》中已经看到的，尽管有吉迪恩试图用欧洲现代建筑的眼光看待美国的现代建筑，但革命主题从未是美国现代建筑的主要构成内容，即使赖特的广亩城市和美国风住宅也没有激烈的社会变革思想。相反，约翰逊和希区柯克的《国际风格》表明，现代建筑在介绍到美国之时，其意识形态和社会内容基本上都被过滤掉了，取而代之的是作为生活的一种装饰（*décor de la vie*），或者成为"开明"资本主义的一种合适的面具（veneer）[4]。

---

1 Rowe, "Neo-'Classicism' and Modern Architecture I," pp.122-123.

2 Rowe, "The Mathematics of the Ideal Villa," p.6.

3 Colin Rowe, "Introduction to Five Architects", in *Architecture Theory since 1968*, ed. K. Michael Hays (Cambridge, Massachusetts and London, England: The MIT Press, 2000), p.79.

4 Ibid, p.76.

因此，与塔夫里在指出现代建筑意识形态危机的同时仍然热切期望有一种更为有效的建筑参与社会的方式，并因此将"纽约五"批评为一种自娱自乐的"闺房中的建筑学"的立场不同，罗的《五位建筑师引言》毋宁说是对"纽约五"的辩护——事实上，罗自己就在为该书第二版的引言所加的"勘误"（Erratum）中明确使用了"辩护"（the apologetic）一词，它可以被视为罗在《五位建筑师引言》正文中使用的"对潜在攻击的攻击"（an attack upon a potential attack）的另一种表述。罗写道：

> 也许，本书的巨大价值在于，这些建筑师放弃了对剧烈的建筑和社会变革的幻想。他们满足于将自己置于一个二等的位置，就像斯卡莫齐相对于帕拉第奥那样。他们的姿态也许可以争论，但无疑是非英雄主义的。很显然，他们既非马尔库塞主义者也非毛主义者；他们没有超验的社会和政治信条，他们的目的——最低目的——是为当下谱写准乌托邦色彩的诗（a quasi-Utopian vein of poetry）。[5]

这样的"辩护"听起来很像建筑"自主性"的论调。确实，在这篇引言发表之后，"自主性建筑学"就成为人们反复谈论的议题，它不仅使埃米尔·考夫曼在 1930 年提出的"自主性建筑"概念重新激活，而且似乎为艾森曼后来走火入魔的形式主义极端发展奠定了理论基础。但是且慢，这里有两点值得注意。第一，柯林·罗的"辩护"应该在更广泛的意义上进行理解，除了对现代建筑社会意识形态的质疑之外，它还旨在反对历史决定论，反对历史的线性发展观，从而为形式的持久性争取历史空间。在《理想别墅的数学》中，这一点或许就是许多学者认为的柯林·罗在柯布与帕拉第奥之间建立的跨越历史和建筑意识形态语境的可比性和形式结构相似性。但是现在，柯林·罗将自己的"辩护"视为对多元主义的辩护。罗指出，对五位建筑师的攻击只会来自历史决定论者和技术主义者，而不会来自多元主义者，因为"纽约五"的实践只是诸多可能中的一种可能。"这也意味着，本文的辩护就是建立一个宽容的批评空间（a critical umbrella almost too catholic in its function），它不仅旨在捍卫本书的图面内容，而且也应该理解为在更为广泛的意义上的捍卫，尽管这些理应得到捍卫的与五位建筑师的手法（maniera）并不必然是一回事。"[6]

斯坦·艾伦认为，罗的这一辩护模棱两可，它提倡选择，却没有提供选择的标准。[7]"纽约五"号称"新先锋派"，他们继承了早期柯布的建筑语言，故有"白色派"之称，这是罗可以接受的，但为什么不可选择 19 世纪或者 16 世纪的形式语言／风格？要回答这个问题，就必须理解柯林·罗秉持的自由主义立场的一个基本特点。诚然，自由主义以价值多元主义为立身之本，承认多元价值之间的必然冲突和不可通约性，将冲

5　Ibid, p.84.

6　Colin Rowe, "Introduction to Five Architects", p.84

7　Stan Allen, "Addenda and Errata," *ANY* No. 7/8, p.31.

突和艰难的选择视为人类经验的永恒特征，因而主张必须面对，而不是回避或者超越这些冲突和选择。这是以赛亚·伯林的主张，也是柯林·罗在《拼贴城市》中努力践行的主张。但是，正如政治学者乔治·克劳德（George Crowder）曾经指出的，自由主义在这样做的时候又必须避免成为一个"无限制的相对主义者"，因为只有这样才能在相互竞争的不可通约的价值之间进行理性选择。在克劳德看来，这需要"向善"的标准（亚里士多德意义上的"美德"）。[1] 在建筑学语境中，这必然涉及对"好"的建筑的理解和选择。

因此，在《拼贴城市》中，柯林·罗不仅指出迪斯尼作为廉价历史模仿的不可取，也对戈登·卡伦（Gordon Cullen）的"城市景观崇拜"（Cult of Townscape）嗤之以鼻。另一方面，他拒绝接受城市的巨构幻想所表达的作为另一个极端的"科幻崇拜"（Cult of Science Fiction）。[2] 在建筑层面，正如《理想别墅的数学及其他论文》一再表明的，罗对柯布和立体主义的遗产情有独钟，视它们为现代建筑的经典。无疑，如果这些可以算是"标准"的话，那么它们都没有任何历史必然性，毋宁说是"诸多可能中的一种可能"，是多元时代的一种"柯林·罗主义"。

第二，柯林·罗对"纽约五"的"辩护"要求放弃对剧烈的建筑和社会变革的"幻想"。如果说这一立场与罗的自由主义信念一脉相承的话，那么反对剧烈的建筑变革，或者更准确地说反对一味追求创新甚至为新而新，要求当代与历史的融合则是柯林·罗自《理想别墅的数学》以来的一贯主张。只是，不同于《理想别墅的数学》希求现代建筑与文艺复兴延续的企图，《五位建筑师引言》希望看到的是当代与早期现代主义的延续——值得再次指出的是，在这个引言中，罗对"纽约五"的具体手法既没有做具体分析，也可能不完全认可。

然而，恰恰是在当代与历史的融合这一点上，艾森曼与柯林·罗渐行渐远，直至分道扬镳。在艾森曼看来，罗的形式主义仍然是人文主义的，这一观点并没有错，因为按照潘诺夫斯基的观点："人文主义者反对权威，却尊重传统。"[3] 但是这样的人文主义立场何尝不是自由主义的立场，它期望在一个非暴力的渐进发展中让经过现代文明价值重估后真正具有生命力的传统发扬光大。在中国近、现代历史中，这不也正是"自由主义者"胡适所谓"中国的文艺复兴"的理想吗？它与人们通常认为的"五四运动"剧烈的彻底的"反传统主义"其实相去甚远。

这涉及"自由主义"的社会理想以及对乌托邦的基本态度。柯林·罗的"形式主义"建筑学思想曾经被琼·奥克曼（Joan Ockman）概括为"没有乌托邦的形式"

1 乔治·克劳德：《自由主义与价值多元论》，应奇、张小玲、杨立峰、王琼译，江苏人民出版社，2006，第92和221页。

2 见本文集《柯林·罗与"拼贴城市"理论》一文。

3 潘诺夫斯基：《作为人文学科的艺术史》，曹意强译，《艺术史的视野——图像研究的理论、方法与意义》，杭州：中国美术学院出版社，2007，第5页。

4 Ockman,"Form without Utopia: Contextualizing Colin Rowe," p.450.

（form without utopia）。但是，正如奥克曼自己看到的，罗从来没有走那么远。[4]恰恰相反，罗在《美好意愿的建筑》的最后部分曾经这样写道：尽管他对现代建筑的种种"救世说辞"历来有着十分明确的批判性，"本书仍然对美好意愿的建筑抱有好感。…… 这是因为，无论这些美好意愿本身多么荒唐可笑，它们至少仍然是对人类状况（the condition of humanity）的论述，而我们现在拥有的却只是语言学论述，还有各式各样的思想摆设（intellectual bric-a-brac），制图的目的

柯林·罗：
《美好意愿的建筑》
英文版封面

不再是建造，而是批判性建筑学思想的炫耀"。[5]这段文字的有趣之处在于，通过回顾现代建筑的"精神史"（Geistesgeschichte）——而不是艾克曼在维特科尔《人文主义时代的建筑原理》中看到的"建筑思想史"（the history of architectural thought），柯林·罗将矛头直指艾森曼，特别是他对哲学理论的滥用，以形式生成为目的的图解操作，以及与"建筑自主性"相辅相成的所谓"批判建筑学"的种种说辞。

在笔者看来，这正是建筑学的"形式主义"路线在罗和艾森曼那里最大的不同，也正是这种不同使我们在艾森曼"走火入魔"的形式主义遭到越来越多质疑的今天，有可能（重新）发现柯林·罗建筑形式主义的魅力。不同于艾森曼的"暴力形式主义"（violent formalism），我们或许可以用"克制的形式主义"（discreet formalism）来形容柯林·罗建筑学思想的魅力。两者之间，存在着一个罗在《五位建筑师引言》正文最后提出的六个问题中的最后一个问题，而这个问题又被海斯在为该文所写的导读中称为"确立了自那时以来的大多数建筑实践一直挥之不去的一种对立"（the opposition that has haunted most of subsequent architectural practice）[6]："一个宣称将持久的实验作为自身目的的建筑学是否能够与通俗易懂而又思想深刻的建筑学理想保持一致？"（Can an architecture which professes an objective of continuous experiment ever become congruous with the ideal of an architecture which is to be popular, intelligible, and profound?）[7]在笔者看来，《理想别墅的数学及其他论文》就是柯林·罗自己对这一建筑学问题的回应。

至于说柯林·罗的"形式主义"是否真的如奥克曼所说的是"没有乌托邦的形式"（尤其是当这一表述被在字面意义上进行理解之时），我们并不一定只能在《拼贴城市》中寻求答案，尽管本文已经反复提及和援引这部作为晚期柯林·罗思想之代表的著作。《理想别墅的数学及其他论文》中的最后一篇《乌托邦建筑》就足够让我们得出清晰的，但也是对上述问题断然否定的结论。对于本文所谓柯林·罗建筑理论中的"自由主义之魂"，这一点其实至关重要。因为如果说自由主义通常被认为是反乌托

5 Colin Rowe, The Architecture of Good Intentions, p.133.

6 Michael Hays , "Introduction to Colin Rowe's 'Introduction to Five Architects' , " in Architectural Theory since 1968, p.72.

7 Rowe, "Introduction to Five Architects," p.83.

邦的（这一点在伯林那里被理解为"积极自由"与乌托邦的内在关系），那么《乌托邦建筑》对于乌托邦的态度以及《理想别墅的数学及其他论文》所表达的"形式主义"诉求则完全可以用历史学者拉塞尔·雅各比（Russel Jacoby）"不完美的图像"（picture imperfect）——"反乌托邦时代的乌托邦思想"[1]来形容。换言之，在柯林·罗那里，乌托邦并没有被完全拒绝，他为乌托邦的碎片（而不是整体）留下必要的空间，为的是"让我们有可能在享有乌托邦的诗的同时避免乌托邦政治的尴尬"（permitting us the enjoyment of utopian poetics without our being obliged to suffer the embarrassment of utopian politics）。[2]柯林·罗在《乌托邦建筑》的《补遗》中的以下文字足以说明这一点：

> 倘若我们注意一下当今这个时代不断表达的偏好——崇尚活力更甚于稳定，崇尚变化更甚于安于现状，崇尚过程更甚于结果，或许还有崇尚努力更甚于成就，那么我们肯定就只能对乌托邦观念产生敌视。倘若我们继而注意到我们的兴趣点在于具体和特殊的、矛盾的、看得见摸得着的事物，倘若我们注意到我们更倾向于挑战性、艰难性和复杂性，注意到我们对经验事实和数据搜集的执着要求，注意到我们对艺术作品的信奉在于它的张力与平衡，在于它善于协调不和与对立，在于它本质上具有某种绝对的空间性和地点性，在于它所表现和再现的某种时空界限，在于它从现有社会中成长而出，并由此显示出与现有社会的某种关联，以及它与特定的技术和明确的功能和工艺之间的紧密关系，等等，那么这一切就只能进一步说明，倘若能够统而论之，我们习惯恪守但常常又相互矛盾的种种思想与任何形式的乌托邦幻想有多么势不两立。

> ……但是，……对于信奉自由而又不愿走向无政府主义的我们而言，唯一应当指出的是，某种程度的乌托邦主义仍然是一种不可或缺的情结。任何极端的乌托邦形式、任何在启蒙运动之后发展起来的乌托邦形式，无疑都是可怕的怪兽，都应该受到谴责。但是，一方面作为一种社会和政治的梦魇永远为人们所不齿，另一方面作为一种参照（我们甚至在波普尔那里看到这样的参照），作为一种具有启发意义的工具，一种美好社会的不完美图景，乌托邦将永远存在下去——但是应当作为一种可能的社会寓意，而非或然的社会处方永远存在下去。[3]

---

1 拉塞尔·雅各比：《不完美的图像——反乌托邦时代的乌托邦思想》，姚建彬等译，北京：新星出版社，2007。

2 Colin Rowe and Fred Koetter, *Collage City* (Cambridge, Mass. and London, England: The MIT Press, Fourth printing, 1988), p.149.

3 Rowe, "The Architecture of Utopia," in *The Mathematics of the Ideal Villa and Other Essays*, pp.213-214 and p.216.

让我们回到《理想别墅的数学》，更准确地说回到该文的结尾处。就在运用维特科尔分析帕拉第奥别墅平面的抽象图解，对帕拉第奥的马尔肯坦达别墅和柯布的加歇别墅进行了一番形式比较分析，以及对帕拉第奥和柯布在比例／数学、古典先例和人文理想等问题上的态度之异同进行阐述之后，柯林·罗突然笔锋一转，以下面这段话结束了整篇文章：

> 过去，新帕拉第奥主义别墅只是英式花园中诗情画意的点缀而已，现在，勒·柯布西耶又成为人们争相效仿的对象和炫耀技巧的范本。但是，新帕拉第奥主义和"柯布风"作品缺少的正是原作的非凡品质。两者的差异无需多说；需要简要指出的只有一点，效仿的案例中不复存在的也许是对"法则"的遵从。[4]

长期以来，这段看似明白无误的论断却隐藏了一个笔者百思不得其解的问题：柯林·罗这里的"法则"究竟指什么？真的只是一套以图解进行表达的比例原则和平面抽象原则吗？如果真是这样，那么仿制品要想模仿这样的"法则"岂不易如反掌，而柯林·罗这里所说的仿制品缺少的"原作的非凡品质"又是什么？或许，柯林·罗谓之仿制品真正缺失的是"对'法则'的遵从"另有所指，根本不是什么比例和图解原则，而是在更为一般层面进行理解的"建筑学法则"？如果真是这样，那么这个"建筑学法则"又是什么？纵观《理想别墅的数学及其他论文》，真正可能的答案或许在完成时间最晚的《拉图雷特》之中，具体地说是在该文对柯布的论述之中。柯林·罗写道：

> 尽管对概念性实在（conceptual reality）的卓越分析一直是勒·柯布西耶的成就之一，他却很少在建成的作品中将分析当作解决方案予以炫耀。他属于那种为数不多的、既重思想（thought）又重感性（sensation）的建筑师。他总能在思想与感性之间保持一种平衡；因此——这也几乎正是他的独到之处——一方面，思想使感性进入某种文明状态；另一方面，文明性又借助于感性才得以实现。这一点不言而喻；因此，在勒·柯布西耶那里，概念性的主张从未真正成为设计的充分理由，而总是需要经过感知的过滤才能为设

4　Rowe, "The Mathematics of the Ideal Villa," pp.15-16.

计所用（with Le Corbusier, the conceptual argument never really provides a sufficient pretext but has always to be reinterpreted in terms of perceptual compulsion）。[1]

我以为，这正是柯林·罗在《理想别墅的数学》问世十余年之后对该文结束部分"效仿的案例中不复存在的也许是对'法则'的遵从"（in the case of the derivative works, it is perhaps an adherence to 'rules' that has lapsed）这句论断的回应。换言之，效仿品可以轻而易举地使用比例和图解关系，但是真正决定作品非凡品质的却是"感知"（sensation / perceptual compulsion）。因此，尽管柯林·罗在《理想别墅的数学》篇头引述了雷恩勋爵（Sir Christopher Wren）关于"天然美"（natural beauty）和"习惯美"（customary beauty）的论述——"天然美源自几何的统一，即均衡和比例。习惯美则在使用中产生，就如因为熟悉而爱屋及乌一样"，但是很显然，柯林·罗《理想别墅的数学》一文试图说明的也许恰恰是一个相反的观点：不同于雷恩"错误极有可能在习惯美中产生，只有天然美或几何美才是真正的检验标准"的论断[2]（当然因此也不同于维特科尔的比例和图解原则，以及从艾森曼到林的图解性形式生成），罗特别看重的反倒是"感知"或者"习惯美"在设计中的积极作用。

值得指出的是，在柯林·罗那里，"感知"并非任意和武断的同义词，而是应该通过建筑学教育予以激发和培养的。用罗在《理念、才华、诗：宣言的问题》（"Ideas, Talents, Poetics: A Problem of Manifesto"）中的表述来说，它是一种"才华"（talent）和"教养"（education）的集合。在这篇于 1987 年完成但两年之后才在意大利杂志《国际莲花》（Lotus International）发表的文章中，柯林·罗质疑了"宣言文化"（manifesto culture）的谬误，指出它一方面期望持续不断的革命——但是正如柯林·罗援引密斯的话所言，其实"你不能每个周一早晨都进行一次革命"；[3]另一方面"宣言文化"又以为，只要有了革命性理念，一切便大功告成，以为"无需'才华'和'技艺'的过滤，'理念'会自动成为'诗'"。[4]

在这篇反思"宣言的问题"的长文中，柯林·罗再次将批评的矛头指向艾森曼，尽管艾森曼并非唯一矛头所指。这也再次显示罗后来与艾森曼之间的分歧和争论。然而，随着数字化建筑，或者用建筑历史学家马里奥·卡珀（Mario Carpo）所谓的"数字智能建筑"（digitally intelligent architecture）的迅猛发展，一种比"宣言文化"更加有过之而无不及的"自动的诗"正以前所未有的规模和力度席卷建筑学。数字化建筑的发展在很大程度上取决于计算机软件的运用，甚至大有以软件开发和运用取代建筑设计之势。用新生代历史理论学者伊曼纽尔·普蒂特（Emmanuel Petit）的

---

1 Rowe, "La Tourette," p.196.

2 Rowe, "The Mathematics of the Ideal Villa," p.2.

3 Colin Rowe, "Ideas, Talent, Poetics: A Problem of Manifesto," in As I Was Saying, Vol. 2 Cornelliana, ed. Alexander Caragonne (Cambridge, Massachusetts and London, England: The MIT Press, 1999), p.278.

4 Ibid, p.280.

话来说，借助于 ALIAS、Form Z、MAYA、3D Max、Rhino、Catia、Processing、Grasshopper 等计算机软件，数字化设计工具拥有一种"自动成为诗的能力"（the autopoetic capacity of digital design tools）。[5] 在这里，曾经被"宣言文化"津津乐道的"理念"甚至不再重要，取而代之的是以计算机软件为主导的"运算"（algorism）及其以"异形"（aphormic）为特征的"技术形式主义"（technological formalism）。

图 1- 卡珀：《第二次数字化转向》英文版封面
图 2- 舒马赫：《建筑学的自创生成系统论》英文版封面

我们无需将普蒂特的这一观点追溯到帕特里克·舒马赫（Patrik Schumacher）的《参数化主义 —— 一种建筑与城市设计的全球新风格》（"Parametricism: A New Global Style for Architecture and Urban Design"）或者后来的两卷本著作《建筑学的自创生成系统论》（ *The Autopoiesis of Architecture* ），因为尽管舒马赫在这些写作中为自己的论点加入了更为宏大的"理论"内容，但其基本立场并没有超出普蒂特太多。反倒是舒马赫更为明确的"时代精神"说和"历史必然性"的论点更值得在此一提。还是在《参数化主义 —— 一种建筑与城市设计的全球新风格》中，舒马赫就已经将"参数化主义"称为终结"现代主义危机"之后"包括后现代主义、解构主义、极少主义在内的一系列昙花一现的建筑篇章所带来的不确定性"的下一个"占主导地位的先锋风格"。[6] 在舒马赫看来，这一主导风格不仅令人向往，也充满时代必然。这样的论调不禁让人感到，柯林·罗一再保持对"时代精神"的怀疑和警惕，这样的主张不仅没有失效，而且还具有某种不可否认的现实意义。

然而，对于这篇导读而言，更需要我们严肃思考的也许还是另一个问题：一个按照非数字化或者说传统建筑学标准缺少设计能力甚至能力很差的人，在掌握甚至精通了数字化技术及其各种工具之后，能否做好设计？要回答这个问题并非易事，因为这马上涉及什么是好的设计的问题，注定说来话长。但是如果回答是肯定的，那么我们完全有理由相信，即使现在的数字化建筑学还处在初级阶段，还不足以一统天下，但是在可预见的未来，在它达到自己的高级阶段——据信，这一阶段是人工智能设计——之后，完全会让传统建筑学寿终正寝。如果回答是否定的，那么我们就必须思考，在数字化建筑学已经被认为代表着未来，甚至"未来已经到来"之时，非数字化 / 传统建筑学还能为这个未来贡献什么？这不是一个无稽之谈的问题，因为尽管人工智能的未来主张可以乐观地（且不说幼稚和过于简单）认为，进入人工智能阶段的数字化设计工具将"利用计算机快速数据处理，通过参考案例机器的自我学习，分析比对并深度学习，不断改善方案'设计'结果的过程，…… 在很短时间算出成千上万的满足条件的解决方案"，但是他们同时也承认，这些解决方案仍

5　Emmanuel Petit, "Introduction: Rowe after Colin Rowe," in *Reckoning with Colin Rowe: Ten Architects Take Position*, p.15.

6　Patrik Schumacher, "Parametricism: A New Global Style for Architecture and Urban Design," *Architectural Design*, Vol. 79, No. 4, July/August 2009, p.15.

然需要设计师"通过审美和人类对于空间的直觉感受，评判出设计师想要的最终结果"。[1]这其实意味着，即使在以"数字智能"为设计"范式"的时代，传统意义上的"审美"和"直觉"，或者进一步说，柯林·罗意义上的"感知""才华""教养"仍然不可或缺，仍然有着不可取代的建筑学意义，更不要说已经有学者意识到的，对于建筑学而言，"数字化"的未来优势也许也在于建造而不在于设计。

因此，正如笔者近年来反复指出的，如果我们需要的不是数字化建筑与传统建筑学的分离而是融合，[2]那么除了"建构"的传统议题——有趣的是，即使舒马赫也开始重提 Tectonism，[3]也许没有什么比柯林·罗的思想更能代表传统建筑学的理论面貌和学科含义，因而也在当下这个纷繁变化的时代更具经典的价值和意义。

勒·柯布西耶：莫诺尔住宅

就此而言，如果这部《理想别墅的数学及其他论文》有什么不足的话，那么在笔者看来，其最大的缺憾也许并不在于对于数字化建筑的"失效"，而在于它过于沉湎"学院"系统——当然，这里所谓的"学院"已经不能仅仅等同于"布扎"，而是包括了现代主义最重要的建筑学遗产。正如我们已经看到的，作为在柯布研究方面最有洞见的学者之一，柯林·罗对多米诺体系和雪铁龙住宅的阐释不可不谓精辟，但就是这样一位柯林·罗，不仅从未对柯布引发理性主义危机的朗香教堂有过任何阐述，而且对柯布的莫诺尔住宅（Maison Monol）只字未提，尽管早在《走向一种建筑》中，柯布已经将莫诺尔住宅与多米诺住宅和雪铁龙住宅相提并论，而且事实证明，在柯布此后的建筑生涯中，莫诺尔住宅的原型意义——或者说作为"概念实在"的意

图1– 马丹岬度假住宅
图2– 在马丹岬度假住宅基地现场进行设计的勒·柯布西耶
图3– 勒·柯布西耶：北非农垦住宅方案草图
图4– 勒·柯布西耶：周末住宅

图5– 勒·柯布西耶：雅乌尔住宅的与混凝土结构的关系
图6– 勒·柯布西耶：雅乌尔住宅
图7– 勒·柯布西耶：萨拉巴伊别墅

| 1 | 2 | 3 | 4 |
| 5 | 6 | 7 | |

1 丁俊峰：《人工智能时代的设计范式》，《时代建筑》2018年第1期（总159期），第70页。

2 王骏阳：《从"Fab–Union Space"看数字化建筑与传统建筑学的融合》，《时代建筑》2016年第5期（总151期），第90–97页。以及王骏阳：《池社的数字化与非数字化——再论数字化建筑与传统建筑学的融合》，《时代建筑》2017年第5期（总157期），第116–123页。

3 段雪昕：《帕特里克·舒马赫和他的〈建筑学的自创生成系统论〉》，《建筑学报》2018年第1期，第82页。

4 关于莫诺尔住宅与勒·柯布西耶建筑思想的关系，参见金秋野：《莫诺尔——柯布西耶作品中的筒形拱母题与反地域性乡土建筑》，载《建筑师》2015年第5期，第49–68页。

义——绝不亚于多米诺住宅和雪铁龙住宅，并导致了柯布许多建成与未建成的重要作品。这一点之所以值得注意，是因为莫诺尔住宅比多米诺住宅和雪铁龙住宅更体现了柯布建筑思想中的乡土甚至是"原始"来源以及对"学院"的超越。[4]

英国艺术评论家赫伯特·里德（Herbert Read）曾经指出，现代主义对原始艺术的研究"让我们理解了最基本的艺术形式，而基本的往往最生机勃勃"。[5]但是很显然，与多米诺住宅和雪铁龙住宅相比，莫诺尔住宅不仅"基本"，而且"原始"。更为重要的是，正如勒·柯布西耶后来的建筑生涯所显示的，这种"原始"的意义远不能等同于建筑史上对"原始棚屋"（the primitive hut）的一再关注，[6]它也许是"人类的艺术被学院困于牢笼之前意味着什么"[7]的更好体现，即一种原始的精神性。因此，如果我们将柯林·罗的建筑学思想与他最情有独钟并且称之为"一位最兼容并蓄而又创造力非凡的折衷主义者"（the most catholic and ingenious of eclectics）[8]的勒·柯布西耶相比，那么在罗那里缺少的也许正是后者作为"高贵的野蛮人"（the Noble Savage）的"原始""神秘""粗野"和"原始"。[9]这是勒·柯布西耶的非凡之处，或许也是柯林·罗的欠缺之处。而且说到底，"原始心的发现"不仅与过多的成熟技巧导致的物极必反，即"导致艺术走向粗陋，走向笨拙，走向天真，走向异域，或者说，走向原始"，而且与对人类文明的终极反思不无关系。不过这个问题已经不在这篇导读的范围之内了。

1 | 2

图1- 福格特：《勒·柯布西耶：高贵的野蛮人》英文版封面
图2- 贡布里希：《偏爱原始性》中文版封面

5 E. H. 贡布里希：《偏爱原始性——西方艺术和文学中的趣味史》，杨小京译，南宁：广西美术出版社，2016，第269页。

6 同上。

7 Rowe, "The Mathematics of the Ideal Villa," p.15.

8 关于这些方面的勒·柯布西耶研究，见 Adolf Max Vogt, Le Corbusier, The Noble Savage: Toward an Archaeology of Modernism (Cambridge, Massachusetts and London, England: The MIT Press, 1998); J. K. Birksted, Le Corbusier and the Occult (Cambridge, Massachusetts and London, England: The MIT Press, 2009).

9 杨小京：《译者序：艺术史家是文明的代言人》，载 E. H. 贡布里希：《偏爱原始性——西方艺术和文学中的趣味史》，第7页。

柯林·罗与"拼贴城市"理论 [1]

Colin Rowe and the Theory of "Collage City"

《拼贴城市》(*Collage City*)写于1973年,1978年由美国麻省理工学院出版社出版发行。1975年,英国《建筑评论》(*Architectural Review*)曾经刊载该书作者自己写的内容摘要,而这个摘要之后又被收入凯特·奈斯比特(Kate Nesbitt)主编的《关于一种建筑学新议题的理论思考——1965-1995年间的建筑理论文集》(*Theorizing a New Agenda for Architecture: an Anthology of Architectural Theory 1965—1995*)一书。1980年代,汪坦先生主编《建筑理论译丛》,在清华大学《世界建筑》上连载系列文章,包括对《拼贴城市》的介绍。据汪坦先生自己说,他阅读的就是《建筑批评》杂志的摘要,没有和后来出版的书对照。在这篇介绍中,汪坦先生按照《建筑评论》主编按语的观点将《拼贴城市》视为"关于城市规划审美问题的讨论",[2]这是国内学界对《拼贴城市》的首次接触。之后,汪坦先生在浙江大学、东南大学、同济大学、华中科技大学、天津大学、大连理工大学和深圳大学举办西方近现代建筑历史和理论问题的讲座,并在《世界建筑》1992年第3期刊登1991年9月在大连理工大学的专题系列讲座的提纲和附录,其中埃姆斯·拉波波特(Amos Rapoport)的《城市形态的人文方面——关于城市形式和设计的一种人–环境处理方法》(*Human Aspects of Urban Form: Towards a Man-Environment Approach to Urban Form and Design*)和《拼贴城市》被列为"两部颇具启发的著作"。[3]

图1–《拼贴城市》英文版封面
图2–《拼贴城市》德文版封面
图3–《拼贴城市》中文版封面

1 | 2 | 3

不过从实际情况看,汪坦先生的介绍并未引起国内建筑界的注意,学界也鲜有相关讨论。感谢中国建筑工业出版社及其《建筑理论译丛》学术委员会的努力,以及同济大学童明老师的翻译,该书中文版得以出版,从而大大改变了国人对于该书的认知,使我们有机会补上20世纪西方建筑历史理论和城市理论的一课。而且,据童明老师自己说,他将在中文第一版的基础之上,以自己近年来在美国哥伦比亚大学任教的柯林·罗城市设计理论传人戴维·格雷厄姆·沙恩(David Grahame Shane)那里进行访学所获得的研究心得,重新翻译这部著作,值得期待。

作为柯林·罗晚年学术生涯的代表作,该书与弗雷德·科特(Fred Koetter)联合署名完成,但是从文风和表述方式以及思想立场上来看都完全是柯林·罗式的。但是,

1 本文最初发表于《时代建筑》2005年第1期(总81期),收录本文集时有修改。
2 汪坦:《关于〈建筑理论译文丛书〉》,《世界建筑》1985年第4期(总30期),第73页。
3 汪坦:《建筑历史和理论问题简介——西方近现代》,《世界建筑》1992年第3期(总71期),第13-14页。

与罗早期的学术论文引起的积极反响不同,《拼贴城市》出版后却遭遇颇多微词。哈佛大学教授乔治·贝尔德（George Baird）就曾坦言,自己之所以在1990年代中期一个由康奈尔大学举办的旨在庆祝柯林·罗学术成就的演讲中刻意没有提及《拼贴城市》,就是因为它"并非属于罗最受欢迎的作品"。[1] 事实上,《拼贴城市》常被建筑界的"先锋"人士视为一部与后现代主义同流合污的理论著作而成为柯林·罗学术生涯的一个"污点"。

那么,《拼贴城市》究竟是怎样一部学术著作,它在柯林·罗本人的学术生涯以及当代西方建筑理论的发展中有怎样的地位? 对于我们今天的建筑与城市观念,它又有什么意义? 让我们从"建筑自主性研究"的问题开始来尝试回答这类问题。

01　建筑自主性研究

弗兰姆普敦
《建构文化研究》
中文版封面

在大多数情况下,中国建筑学界比较倾向于将柯林·罗的建筑学观点视为一种以美学为基础的"建筑自主性"的代表,它反对夸大建筑与社会、经济乃至政治意识形态的关系,主张在建筑自身的范围内认识和研究建筑问题。这与人们通常将肯尼斯·弗兰姆普敦（Kenneth Frampton）的《建构文化研究》（*Studies in Tectonic Culture*）视为一种"建筑自主性"的历史理论研究颇有相似之处。因此,尽管弗兰姆普敦的"建构文化研究"从本质上讲是他"批判历史"和"抵抗建筑学"的一部分,从而也远远超越了"建筑自主性"原则并含有浓厚的意识形态成分,[2] 但是它对建筑的结构形式、材料使用以及建造问题的关注还是被理解为其"建筑自主性"立场的基本特征。与弗兰姆普敦的"建构文化研究"不同,柯林·罗的建筑思

1 George Baird, "The Work, Teaching and Contemporary Influence of Colin Rowe. A 1999 Status Report," *Zodiac* 20, p.21.

2 关于弗兰姆普敦的《建构文化研究》的"抵抗建筑学"内涵,参见王群:《解读弗兰姆普敦的〈建构文化研究〉（一）》,《建筑与设计》（*A+D*）2001年第1期。

3 关于这个问题,柯林·罗自己在1973年对最初于1947年发表的《理想别墅的数学》一文进行补遗时曾经有过论述。见 Colin Rowe, *The Mathematics of the Ideal Villa and Other Essays* (Cambridge, Massachusetts and London: The MIT Press, 1976), p.16.

想更多涉及的不是建筑的技术问题，而是形式问题。不可否认的是，在罗的学术思想中，视觉的作用举足轻重。他的思考往往不是从一种理论问题开始，而是从一种沃尔夫林式的对建筑的直接观察入手，由此展开形式分析和理论思辨。[3] 就此而言，柯林·罗代表的是一种不同于"建构"的更为形式化的"建筑白主性"立场，而柯林·罗也常被人们视为一个"形式主义者"。[4]

但是，如果认为"形式主义者"柯林·罗从来都对建筑的政治维度麻木不仁，那就大错特错了。事实上，正如乔治·贝尔德在那个为庆祝柯林·罗学术成就所作的演讲中指出的，政治与形式是罗建筑理论的两个并非毫不相关的端点，它们共同构成了罗思想的复杂性乃至含混性。[5] 一度在建筑思想上受到柯林·罗影响——或者更准确地说，这种影响经由罗曾经的学生和志同道合者艾森曼（Peter Eisenman）的转换发挥了作用，但是在 2000 年前后以提倡"投射性建筑学"（projective architecture）而著称的罗伯特·索莫（Robert Somol）也指出，柯林·罗看似十分形式主义的工作其实与特定的自由主义政治思想之间有着深厚渊源，就如塔夫里对辩证批判实践的明确介入需要以一系列精确的形式先验（formal aprioris）以及对建筑生产的悲观预见为前提一样。就此而言，"既没有比罗更政治化的作者，也没有比塔夫里更形式化的作者"。[6]

确实，在现代建筑学中，"自主"与"政治"的相得益彰历来是一个有趣且充满"迷思"的现象——从埃米尔·考夫曼（Emil Kaufmann）的"自主性建筑"（*autonomen Architektur*）背后所表达的对当时甚嚣尘上的纳粹政权的抗议和对个体价值的捍卫，到艾森曼在"自主建筑学"和"批判建筑学"（critical architecture）之间的来回拉锯和相得益彰，无不如此。只是在柯林·罗那里，这种"自主"与"政治"之间的"混搭"显得更加复杂和微妙。至少，他没有像塔夫里那样高举"建筑意识形态批判"（critique of architectural ideology）的大旗，或者像艾森曼那样自诩为"批判建筑学"的代表。他的自由主义立场也使他对任何"斩钉截铁"的"批判立场"若即若离。

4 Colin Rowe, *As I Was Saying: Recollections and Miscellaneous Essays*, Vol. 3 (Cambridge, Massachusetts and London: The MIT Press, 1995), pp.171-204.

5 George Baird, "Oppositions in the Thought of Colin Rowe," *Assemblage* 33, August 1997, pp.22-35.

6 罗伯特·索莫，萨拉·怀汀：《关于"多普勒效应"的笔记和现代主义的其它心境》，范凌译，《时代建筑》2007 年第 2 期（总94 期），第 113 页。

　　　　《拼贴城市》与现代建筑批判

除去绪论，《拼贴城市》共有五个主要章节，它们是第一章《乌托邦失败了吗？》（"Utopia: Decline and Fall?"）、第二章《盛世之后》（"After the Millennium"）、第三章《实体的危机：肌理的困境》（"Crisis of the Objects: Predicament of Texture"）、第四章《城市冲突与修补术》（"Collision City and the Politics of 'Bricolage'"）以及第五章《拼贴城市与时间的再征服》（"Collage City and the Reconquest of Time"）。

从序言开始，柯林·罗就对现代建筑的历史和现状展开批判。总的说来，罗的这一批判并无多少新意，因为在他之前，类似的批判已经不在少数，塔夫里（Manfredo Tafuri）、文丘里（Robert Venturi）、简·雅可布斯（Jane Jacobs）等，不一而足。这些批判的视角和侧重点各不相同，但论点大抵一致，即现代主义乌托邦并没有能够实现自己最初的承诺。用柯林·罗在《乌托邦失败了吗？》一章中的观点来说，从牛顿力学到笛卡尔主义，自然科学的发展都使现代人坚信人类有可能性把握确定的自然知识，而黑格尔主义又将这种信念扩展到社会领域，从而认为确定性的社会知识同样可能，并且一旦拥有这种确定性的知识，人类就有可能通过自己的行动实现以静观为特点的古典乌托邦（activist utopia）无法实现的社会构想，由此产生现代意义上的乌托邦，即罗所谓的"行动派乌托邦"（activist utopia）。顾名思义，"行动派乌托邦"不满足于古典乌托邦的静观和沉思，而是致力于通过行动将乌托邦理想和蓝图付诸实施。在罗看来，现代建筑是这种"行为派乌托邦"的一部分。但是，如同所有"行动派乌托邦"一样，现代建筑的乌托邦构想也在行动中大打折扣。《拼贴城市》的作者写道：诚然，"现代建筑肯定已经来到，但是新耶路撒冷却无从谈起，而且许多问题也逐步显现出来。事实上，现代建筑并没有导致一个更为美好的世界"。[1]

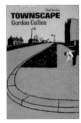

《拼贴城市》不仅对现代主义乌托邦提出质疑，而且也对乌托邦幻灭之后的建筑发展提出不同看法。这种质疑构成了该书第二章"盛世之后"的主要内容。在这里，罗和科特特别讨论了20世纪60-70年代出现的两种看似截然相反的不同倾向："城景崇拜"（Cult of Townscape）和

1|2　　　　图1、2- 卡伦：《城镇景观》英文版封面及插图

1　Colin Rowe and Fred Koetter, *Collage City* (Cambridge, Massachusetts and London: The MIT Press, 1978), p.33.

"科幻崇拜"（Cult of Science Fiction）。前一个名称源自英国人戈登·卡伦（Gordon Cullen）所著《城镇景观》（*Townscape*）一书，该书认为现代建筑的大规模建设极大地破坏了小城镇的环境，因此希望通过研究欧洲的小城镇建筑，将传统城市的尺度和景观作为现代城市问题的解决之道。在罗和科特看来，《城镇景观》代表的是一种保守怀旧和空泛无力的思想状况，它与迪斯尼世界布景式的主题公园和"超级工作室"（Superstudio）关于人类社会反璞归真的幻想一样令人质疑。同样令人质疑的是以英国的阿基格拉姆（Archigram）、日本的新陈代谢派（the Metabolism）以及法国人尤纳·弗里德曼（Yona Friedman）的空中城市为代表的"对科幻世界的崇拜"的倾向，尽管它们看似充满活力。这是两个极端。在罗和科特看来，如果它们都有失偏颇，那么"拼贴城市"希望寻求的就是一条介于它们之间的中间道路。"拼贴城市"需要同时面对传统与现代。

 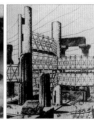  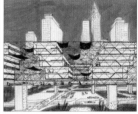

1 | 2 | 3 | 4   图 1- 超级工作室：有人体的景观   图 2- 日本新陈代谢派   图 3- 阿基格拉姆：插入式城市   图 4- 弗里德曼：巨构城市

图 1– 毕加索：拼贴作品
图 2– 文丘里《向拉斯维加斯学习》中文版封面
图 3– 罗马：作为空间的建筑
图 4– 拉斯维加斯：作为符号的建筑

$\frac{1}{3}\Big|\frac{2}{4}$

《拼贴城市》是如何寻求这条中间道路的？"拼贴城市"是否只是对现代艺术史上立体主义"拼贴"概念的挪用和模拟？在该书的第三章《实体的危机：肌理的困境》和第四章《城市冲突与修补术》中，罗和科特提出他们的主张。在笔者看来，这两章也是该书最为核心的部分，它们分别阐述了两个不同层面的有关"拼贴城市"的概念，即作为技巧的"拼贴城市"和作为思维方式的"拼贴城市"。

首先，"拼贴城市"是一种城市设计的技巧，它曾经是柯林·罗在康奈尔大学城市设计教学中反复探讨的内容，其切入点是现代城市与传统城市的巨大差异。在文丘里的《向拉斯维加斯学习》（*Learning from Las Vegas*）中，这一差异被概括为"作为空间的建筑"（architecture as space）与"作为符号的建筑"（architecture as symbol）的不同，前者属于以罗马为代表的传统城市，后者则属于拉斯维加斯这样的美国城市。在此，文丘里关注的是建筑问题，目的是支持他"建筑是带有装饰的遮蔽物"（architecture is shelter with decoration on it）的主张。

与文丘里不同，罗和科特更愿意在城市的层面上谈论问题。在他们看来，与建筑围合空间的传统城市相比，现代城市的问题就在于作为实体的建筑不再具备围合空间的能力。

图 1– 背景显示的肌理的城市　图 2– 背景显示的物体的城市　图 3– 乌菲齐　图 4– 勒·柯布西耶：马赛公寓　1 | 2 | 3 | 4

这就是他们所谓的"实体的危机"与"肌理的困境"的关系。换言之，传统城市属于"肌理的城市"（city of fabrics），而现代城市则更多地表现为"实体的城市"（city of objects），尽管由现代建筑构成的这些实体并不必然成为文丘里意义上的拉斯维加斯式的"符号"。

此外，与文丘里直观的描述方法不同，罗还将格式塔心理学（Gestalt psychology）图形－背景（figure-ground）的方法引入对城市的分析。运用这种方法，《拼贴城市》为读者展示了佛罗伦萨的著名建筑乌菲齐（Uffizi）与勒·柯布西耶的马赛公寓之间几乎完全反转的图形－背景关系，从而揭示了现代建筑将"肌理的城市"转化为"实体的城市"的关键所在。当然，在罗和科特的分析中，实体与肌理之间图形－背景的反转关系并非现代建筑与古典建筑的差异所独有。意大利文艺复兴时期的托迪圣母教堂（Santa Maria della Consolazione in Todi）与巴洛克时期波罗米尼设计的位于罗马纳沃那广场的圣阿涅塞教堂（Sant' Agnese in Piazza Navona）之间也存在着类似的反转关系，只是就整体而言，问题没有现代建筑出现之后那么普遍罢了。

1 | 2

图1- 托迪圣母教堂
图2- 圣阿涅塞教堂与纳沃那广场的平面关系

3 | 4
5 | 6

图3- 勒·柯布西耶：苏维埃宫方案
图4- 佩雷：苏维埃宫方案
图5- 阿斯泼隆德：斯德哥尔摩老城的政府办公楼方案
图6- 阿斯泼隆德：斯德哥尔摩世博会标志性构筑物

另一方面，《拼贴城市》试图向人们证明，实体与肌理的矛盾并不是现代建筑必然的产物。就在勒·柯布西耶1931年以"唯我独尊"的方式设计作为"实体"的莫斯科苏维埃宫（The Palace of the Soviets）之时，另一位现代建筑师奥古斯特·佩雷（Auguste Perret）却提出了一个完全不同的以城市肌理为出发点的方案。罗和科特列举的另一个例子是瑞典建筑师阿斯泼隆德（Gunnar Asplund）设计的位于斯德哥尔摩老城区的政府办公大楼方案。作为一位斯堪的纳维亚现代建筑英雄时期的代表人物之一，阿斯泼隆德一反他在设计斯德哥尔摩博览会和斯德哥尔摩公共图书馆等建筑时采用的策略，转而追求将新建筑与老城的肌理结构密切结合起来。可惜，在罗和科特看来，像佩雷和阿斯泼隆德这样的现代建筑师太少了。

为进一步说明作为一种技巧的"拼贴城市"，罗和科特引用了一个源自"布扎"（Beaux-Arts）或者说巴黎美院体系的 *poché* 概念。这个概念曾经被文丘里用在《建筑的复杂性与矛盾性》之中，旨在说明建筑中根据不同使用要求采取不同形状的房间交界处产生的"矛盾"和"复杂"。

这种空间也可能出现在建筑内外空间的交界处或者建筑的外层屋面与内层吊顶之间。就建筑的平面关系而言，它可以是一个房间或楼梯间和其他辅助性空间——亦即周卜颐先生的《建筑的复杂性与矛盾性》中译本中使用的"空腔"概念，[1] 也可能由于太狭小导致无法使用而成为建筑的实体部分——故有中文建筑学语境中的"涂黑"之说。[2] 有趣的是，这个概念曾经在童寯先生20世纪60年代关于美国宾夕法尼亚大学建筑系的介绍文章之中被提及。该校建筑系曾经是美国"布扎"体系的大本营，也是梁思成、杨廷宝，以及童寯先生等一代中国建筑学人接受建筑学教育的地方。在这篇介绍文章中，童寯先生将 poché 译为"剖碎"，[3] 既有音译之美，又有意译之实，充满信、达、雅的传神魅力。可惜长期以来，这一翻译在中国建筑学界鲜为人知。

然而，无论是在平面意义上还是在剖面意义上，文丘里并没有能够突破建筑单体的层面谈论作为建筑"矛盾性"和"复杂性"之表征的"剖碎"。相比之下，通过"城市剖碎"（ urban poché ）这一概念，罗和科特试图提出的则是作为一种城市现象所具有的复杂性和矛盾性。正如罗和科特力图展示的，一个建筑完全可能夹在不同的城市元素中间而成为"城市剖碎"。位于罗马的法内塞府邸（ Palazzo Farnese ）和伯格塞府邸（ Palazzo Borghese ）则是两个比较典型的案例。

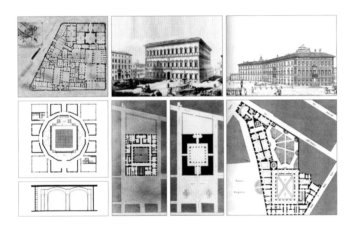

图 1、2、3-
文丘里：剖碎与建筑的复杂性
和矛盾性
图 4、5、6 - 法内塞府邸
图 7、8- 伯格塞府邸

前者体现的是勒·柯布西耶式的对称与完美，它与城市的关系旨在突出法内塞府邸的支配地位，而后者在同样具有高贵端庄的立面和规整对称的方形合院的府邸建筑的基本元素的同时，与位于侧面的城市广场和斜向的城市街道以及方形合院背后的不规则形花园建立了如此紧密的特殊关系，以致于俨然就是一个为满足广场、街道、花园等城市要素而形成的"城市剖碎"，只是这个"剖碎"的尺度已经大到足以构成一个府邸建筑群体而已。但是法内塞府邸与城市元素的关系则是截然相反，它首先考虑的是自身的需求，从而使广场和街道等自身之外的诸多城市元素沦为从属的"剖碎"。

1 罗伯特·文丘里：《建筑的复杂性与矛盾性》，周卜颐译，南京：江苏凤凰科学技术出版社，2017，第148页。以及 Robert Venturi, *Complexity and Contradiction in Architecture* (New York: The Museum of Modern Art, second edition, 1977), p.80.

2 葛明：《体积法（1）》，《建筑学报》2013年第8期（总540期），第10页。

3 童寯：《童寯文集》（第一卷），北京：中国建筑工业出版社，2000，第224页。

说到底，无论是马赛公寓与乌菲齐的对比，还是勒·柯布西耶与佩雷的不同，或者是法内塞府邸与伯格塞府邸的差异，"拼贴城市"的设计技巧都需要以某种思维方式为前提。因此，在第三章《实体的危机：肌理的困境》论述作为城市设计技巧的"拼贴城市"之后，《拼贴城市》的第四章《城市冲突与修补术》着重论述作为思维方式的"拼贴城市"就是一件顺理成章的事情。

列维－斯特劳斯
《野性的思维》中文版封面

首先是"修补术"的思维方式。从字面上看，"修补术"的概念源自法国人类学家和哲学家列维－斯特劳斯（Claude Lévi-Strauss）《野性的思维》（*La Pensée sauvage*）一书 中的 *bricolage* 一词，而将其译为中文的"修补术"则是长期从事法国思想研究的学者李幼蒸先生的见解（在《拼贴城市》中文译本第一版中它的翻译是"拼贴匠"）。在列维－斯特劳斯那里，"修补术"是"修补匠"（*bricoleur*）工作方式或者说思维方式的体现。与工程师不同，"修补匠"通常都是能工巧匠型的，善于完成各种不同甚至芜杂的工作。更重要的是，"他的操作规则总是就手边现有之物来进行的，这就是在每一有限时刻里的一套参差不齐的工具和材料"。[4]就此而言，《拼贴城市》援引"修补术/修补匠"概念的意图在"城市冲突与修补术"一章伊始已经十分明显，就是为了反对格罗皮乌斯的"总体建筑观"（Scope of Total Architecture）以及早在19世纪已经由音乐家理查德·瓦格纳（Richard Wagner）提出的"总体艺术"（*Gesamtkunstwerk*）思想。在历史的维度上，它反对的是黑格尔意义上的"历史主义"（historicism）或者"历史决定论"（historical determinism）。如果说现代建筑运动曾经深受后面这些思想观念的影响，那么《拼贴城市》就是一种发其道而行之的"'修补术'的政治"（politics of *bricolage*）。它面对的不是整体和谐的城市，而是致力于处理城市中无处不在的冲突和矛盾。

思维方式的这种差异也是自由主义哲学家以赛亚·伯林（Isaiah Berlin）通过古老的寓言"刺猬与狐狸"所要表达的，这成为《拼贴城市》的另一个思想支柱。伯林认为，西方历史上有两类不同的思想家，一类是追求一元论的思想家，他们总是用一种标准行事，就像刺猬遇到险情总是竖起满身的倒刺进行防卫一样；另一类则承认多元论的思想家，他们认为世界复杂微妙，无法存在统一的价值基础，有的只能是矛盾的冲突

---

4 列维－斯特劳斯：《野性的思维》，李幼蒸译，北京：商务印书馆，1987，第23页。

以及通过身边的手段来化解这种冲突的种种可能性，恰如狐狸的花巧多变。按照伯林的划分，柏拉图、但丁、黑格尔、陀思妥耶夫斯基、尼采和布鲁斯特是刺猬式思维方式的代表人物，而亚里士多德、蒙田、歌德、普希金、巴尔扎克和乔伊斯则是是狐狸式思维的代表人物。

1 | 2 | 3 | 4

图 1 - 凡尔赛宫
图 2 - 凡尔赛宫总平面
图 3 - 哈德良离宫
图 4 - 哈德良离宫总平面

借助伯林的观点，罗和科特也区分了两种不同性质的建筑和具有两种不同思维方式的建筑师。在他们看来，西方建筑史上最为典型的"刺猬"式建筑的例子是巴黎郊外的凡尔赛宫，而位于西班牙提沃利的哈德良离宫（Hadrian' s Villa）则可视为"狐狸"式建筑的范例。前者是"整体建筑学"和"整体设计"的展现，后者则试图努力消除任何控制思想的主宰；前者是"绝对君权"的体现，而后者则在协调混杂冲突的同时不失建筑的尊贵理想。诚然，罗指出，就其专制性而言，哈德良并不比路易十四好多少，但是区别就在于他"不像路易十四那样急于表现他的专制"，[1] 或者说他知道还有其他的方式表现自己的君权。恰如"刺猬与狐狸"的故事所言，"狐

1 | 3 | 4
2 | 5 | 6 | 7

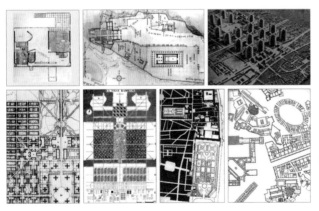

图 1、2
勒·柯布西耶：复杂的建筑与简单的城市
图 3 - 雅典卫城：简单的建筑与复杂的城市
图 4 - 勒·柯布西耶：伏瓦生计划
图 5 - 勒·柯布西耶：光明城市
图 6、7 - "拼贴城市"

---

1 Colin Rowe and Fred Koetter, *Collage City*, p.91.

狸知道许多事情，而刺猬只知道一件大事"。这同样也可以说是法内塞府邸与伯格塞府邸或者勒·柯布西耶与佩雷的迥异。

如同伯林用"刺猬"与"狐狸"区分两类思想家一样，罗和科特也将西方建筑史上的某些建筑师划分为两类：帕拉第奥、豪克斯莫尔（Hawksmoor）、索恩（Soane）、菲利普·韦伯（Philip Webb）、赖特、格罗皮乌斯、密斯、汉内斯·迈耶（Hannes Meyer）等属于前者，而朱利奥·罗曼诺（Giulio Romano）、雷恩（Wren）、纳什（Nash）、诺曼·肖（Norman Shaw）、卢特恩（Lutyens）几乎肯定是后者。但是，《拼贴城市》的作者着重指出，勒·柯布西耶属于一个较为复杂因而也是较为特殊的案例。在建筑上，柯布"知道许多事情"，因此是一个"狐狸"；可是在城市上，他"只知道一件大事"，可谓一个"刺猬"。在柯布那里，我们看到的是"复杂的建筑和简单的城市"，这与古希腊雅典卫城呈现的"简单的建筑和复杂的城市"的关系正好相反。如果说柯林·罗的早期柯布研究主要在于揭示其建筑作品中的复杂性，那么对于"伏瓦生计划"（*Plan Voisin*）和"光明城市"（*Ville Radieuse*）这种在形式和功能上都过于简单和理想化的柯布式城市作品的批评则是《拼贴城市》的主题之一。对于罗和科特而言，城市在本质上是多元复杂的，而"狐狸式"的"拼贴城市"就是对城市多元复杂性的体现和回应。

当然，除了"刺猬与狐狸"观念的直接运用之外，柯林·罗思想从伯林那里接受的影响应该还有更为广泛和微妙的内容。这些影响包括伯林毕生对人类文化多元性的捍卫、对人生价值多样但却相互冲突难以调和的状况的理解，以及对人类自由与"族群归属"相互依存关系的认同，等等。可以说，正是在伯林明知鱼与熊掌不可兼得却仍然在矛盾与冲突中寻求出路的意义上，罗将"拼贴"理解为"一种根据肌理引入实体或者根据肌理产生实体的方法"，一种在当今的情况下"单独或共同应对乌托邦和传统这类根本问题"的办法[2]也正是在这一意义上，罗在《拼贴城市》最后一章《拼贴城市与时间的再征服》中对全书思想做出了如下总结：

> 换言之，拼贴的特点就在于其反讽方法，它的技巧是胡萝卜与大棒兼而有之。正因为如此，它就有可能将乌托邦作为镜象或者片段来处理，而不必对之全部接受。就此而言，拼贴甚至是一种策略，它在支持永恒和终极的乌托邦幻想的同时，又可以激发由变化、运动、行为和历史构成的现实。[3]

就此而言，罗秉承的是一种以自由主义为根基的人文主义传统。在伯林之外，这一传统还有许多代表人物，如《拼贴城市》数次援引同时也有所保留的卡尔·波普

2 Ibid, p.144

3 Colin Rowe and Fred Koetter, *Collage City*, p.149.

尔（Karl Popper），以及美国学者威廉·埃利斯（William Ellis）在一篇关于柯林·罗思想的论文中提及的 19 世纪英国诗人和评论家马修·阿诺德（Matthew Arnold）。关于柯林·罗与阿诺德之间的相似之处，埃利斯这样写道：

> 对于当代建筑而言，柯林·罗的意义就相当于马修·阿诺德对 19
> 世纪英国文学的意义。在阿诺德看来，文学与批评是一种人类对话
> 的工具，它试图在完美的社会理想和社会延续之间架起桥梁。作为
> 一位诗人和评论家，阿诺德的手段是美学性的，而目标则是政治性
> 的，这就是为肩负历史重任并努力寻求引领世界的中产阶级做文化
> 上的准备。作为一名建筑师、史学家和评论家，罗的目标同样是政
> 治性的，而他的策略则也是美学性的，为的是使同一个中产阶级能
> 够应对他所认为的政治极端主义以及它所蕴含的经济、技术和美学
> 上的简单化倾向，无论这种极端主义来自右翼还是来自左翼。在这
> 一过程中，罗并非鼓吹建筑可以决定一切，就像阿诺德并非主张诗
> 歌可以决定一切一样。相反，他们都属于一种文化人文主义，它主
> 张在艺术中反映而非决定人类存在充满矛盾和对立的特性。[1]

可以认为，这就是"形式主义者"柯林·罗的《拼贴城市》的政治含义。

---

1 William Ellis,"Type and Context in Urbanism: Colin Rowe's Contextualism," in *Oppositions Reader*, ed. K. Michael Hays (New York: Princeton Architectural Press, 1998), p.227.

无论是界于"城景崇拜"与"科幻崇拜"之间的城市观念，还是在反对极端主义的人文／政治方面，就意义上而言，《拼贴城市》都呈现为一种温和的中间姿态。正是这种中间姿态使得奈斯比特主编《关于一种建筑学新议题的理论思考——1965－1995 年间的建筑理论文集》（*Theorizing a New Agenda for Architecture: An Anthology of Architectural Theory 1965-1995*）时将《拼贴城市》的内容摘要收录在"现代主义之后的城市理论：文脉主义、主街及其他"（Urban Theory After Modernism: Contextualism, Main Street, and Beyond）的议题之中。"文脉主义"，奈斯比特指出，提供了"一种界于不现实的没有未来发展的固化历史和完全丧失城市肌理的城市更新之间的中间立场"（a middle-ground position between an unrealistically frozen past with no future development permitted, and urban renewal with the total loss of the urban fabric）。[2] 在我看来，尽管用"文脉主义"来概括《拼贴城市》的主题难免将该书思想中更为思辨、更为深刻的人文／政治内容过滤掉了，但是这一由柯林·罗在康奈尔大学城市设计课程的学生所确定的名称还是以一个更为直接的方式将《拼贴城市》的主张展现在人们面前。从观念上而言，同样曾经是康奈尔大学城市设计课程学生的托马斯·舒马赫（Thomas Schumacher）的概括也许最为精辟，他将《拼贴城市》的"文脉主义"阐述为"城市理想及其变形"（urban ideals and deformations）。[3]

当然，在舒马赫的论述中，有些基本的问题似乎没有得到讨论。比如，如果从技术层面来讲，"拼贴城市"可以用"城市理想＋变形"的"文脉主义"进行概括的话，那么《拼贴城市》反复批判的勒·柯布西耶巴黎改造方案究竟要经过怎样的变形，才能在保持现代城市理想的同时符合"拼贴城市"的标准（事实上，柯布的方案并非一个完全理想的方案）？如果就柯布方案与巴黎城区的关系本身而言，它是否正是人类存在价值多样但却相互冲突难以调和状况的最好说明？柯布方案的问题是否规模太大？如果是的话，那么规模应该小到什么程度才算是可以接受的？其实，对于这些问题，不仅舒马赫的论述没有为我们提供任何实质性解答，而且这样的解答在《拼贴城市》中似乎也是缺失的。

"文脉主义"的定位也在一定程度上得到《拼贴城市》批评者的认可。在《小、中、大、特大》（*S, M, L, XL*）中，雷姆·库哈斯（Rem Koolhaas）批评了三种城

---

2 Kate Nesbitt ed., *Theorizing a New Agenda for Architecture: An Anthology of Architectural Theory 1965-1995*, (New York: Princeton Architectural Press, 1996), p.295.

3 Thomas L. Schumacher, "Contextualism: Urban Ideals + Deformations," in *Theorizing a New Agenda for Architecture: An Anthology of Architectural Theory 1965-1995*, pp.296-307. 舒马赫在这篇文章中坦言，"城市理想及其变形"的"语境主义"概念不仅得到柯林·罗的认可，而且也曾经是他在康奈尔大学开设的城市设计课程的主题之一。

罗伯特·克里尔：
《城市空间》英文版封面

市观念，即以罗和科特的《拼贴城市》为代表的"文脉主义"，以罗伯·克里尔（Rob Krier）的《城市空间》（*Urban Space*）为代表的"理性主义"（Rationalism），以及以阿尔多·凡·艾克（Aldo van Eyck）为代表的"结构主义"（Structuralism）。关于"文脉主义"，库哈斯的批评有三个方面：首先，库哈斯认为，"文脉主义"将漫长的城市历史缩减为单一的历史时刻，是一种短路式的历史延续（short-circuits historical continuity）；其次，"文脉主义"对"文脉"的过度迷恋导致一种反向的理想化（idealization in reverse），使原本反柏拉图主义的"经验事实"转化为"另一种乌托邦"；第三，过于理想化的城市"文脉主义""其实已经将一系列能够注重真正的文脉的更为复杂和准确的选择排除在自己的视线之外。"[1]

本文没有篇幅空间对库哈斯三点批评的准确程度进行讨论。但是毫无疑问，这样的批评在库哈斯那里似乎还是过于温和了，因为他后来关于"大"（Bigness）的宣言彻底否定了任何城市"文脉主义"的必要。用库哈斯的话来说，"大的潜台词就是让文脉见鬼去"（its subtext is fuck context）。[2] 诚然，正是这种对"文脉主义"的否定，使库哈斯有可能对当代城市进行全新的思考，它是库哈斯在思想观念上进行智力探险的重要构成。[3] 然而有趣的是，在经历了这样的智力探险之后，库哈斯也宣称"保护正在成为我们的压倒性关切"（preservation is overtaking us），这必然导致他必须面对既有建筑和城市的历史文脉。同样有趣的是，曾经字里行间充满"越界"（transgression）、"暴力"（violence）、"疯狂"（madness）[4] 的先锋建筑理论家屈米（Bernard Tschumi）竟也摇身一变，在雅典卫城博物馆的设计中大谈"文脉"。[5]

图1- 库哈斯：《保护正在成为我们的压倒性关切》英文版封面　　　图3- 屈米：雅典卫城博物馆方案　　　1 | 2 | 3 | 4 | 5
图2- 屈米：雅典卫城博物馆总平面　　　图4、5- 艾伦：场域的条件

看来，无论理论言辞曾经多么激烈，当面临具体的建筑设计时，场地及周围环境（无论是否称之为"文脉"）都是一个无法回避的基本问题。真正需要的不是如何语出惊人地否定"文脉"，而是如何达到对"文脉"的富有意义的新理解，并且在这样

1　Rem Koolhaas, "Final Push," in *S, M, L, XL* (New York: The Monacelli Press, 1995), p.283 and 285.

2　Ibid, p.502.

3　关于这个问题的讨论，见笔者王骏阳：《从皮拉内西"考古面具下的重构"到库哈斯的"偏执妄想的批判之旅"》，载《理论·历史·批评（一）》（上海：同济大学出版社，2017），第138–168 页。

4　Bernard Tschumi, *Architecture and Disjunction* (Cambridge, Massachusetts and London: The MIT Press, 1994).

5　Bernard Tschumi, "Conceptualizing Context," in *The New Acropolis Museum*, ed. Bernard Tschumi Architects (New York: Skira/Rizzoli, 2009), pp.82-86.

的基础上建立建筑与城市的新关系。事实上，即使在面对他所谓的"当代城市"之时，这样的思考也在库哈斯的建筑中比比皆是。

或许，这就是斯坦·艾伦（Stan Allen）在试图发展更为符合当代城市性质的建筑与环境的关系理论时将"场地条件"（site condition）作为一种"文脉策略"（contextual tactics）的原因。艾伦写道："在城市领域，这意味着接洽（accommodation），……将限制视为机遇，脱离现代主义的越界伦理和美学。与场地合作，而不是与之对抗，通过记述现状的复杂情况，产生新的事物。"[6] 不用说，从屈米到艾伦，"文脉"的含义已经大大拓展，远非《拼贴城市》所能涵盖。不过在我看来，《拼贴城市》的价值仍然只有在我们面对当代城市的历史沉积时才能得到最大体现。更为重要的是，尽管"拼贴城市"的理论是基于欧洲城市发展起来的，但是它对中国当代城市并非完全没有意义。相反，正如笔者曾经指出的，恰恰因为在过去的数十年之中，无视既有城市"文脉"和"肌理"的"白纸策略"（tabula rasa）以史无前例的规模实实在在地发生在大大小小的中国城市，在现有城市规范支配之下的"光明城市"般的大型住区和城市空间取代了异质、偶发、小尺度、出人意料乃至神秘莫测的城市结构，从而也使"拼贴城市"反对从"零"开始的"白纸策略"，反对一蹴而就的整体规划的幻想，主张将既定城市环境的多元复杂性以及空间和物质事件的历史沉积作为设计的出发点的立场获得了中国城市和建筑的相关性和紧迫性。这是《拼贴城市》能够给我们的启示。至于它的"图形—背景"方法，正如笔者通过浙江省天台第二小学的案例试图说明的，也许不是那么不可或缺，因为它不仅无法涉及建筑的内容计划（program）的问题，尤其在这些内容计划呈现竖向叠加的情况下，而且也没有

1 | 2   图1、2- 阮昊：浙江天台第二小学

在天台二小这类或多或少具有"拼贴城市"思维方式乃至设计技巧的项目中（无论其设计者是否意识到这一点）真正发挥作用。[7]

6 Stan Allen, "Contextual Tactics," in *Points + Lines: Diagrams and Projects for the City* (New York: Princeton Architectural Press, 1999), p.17.

7 王骏阳：《日常——建筑学的一个"零度"议题（下）》，《建筑学报》2016年第11期（总578期），第19-20页。

阅读柯林·罗的《拉图雷特》[1]

Reading Colin Rowe's
"La Tourette"

作为柯林·罗的经典论文之一，《拉图雷特》（"La Tourette"）没有像《理想别墅的数学》（"The Mathematics of the Ideal Villa"）或者《透明性：字面的与现象的》（"Transparency: Literal and Phenomenal"）那样久负盛名。但是在英国建筑史学家阿德里安·福蒂（Adrian Forty）看来，它却最能体现柯林·罗建筑写作的某种特质。福蒂写道：

> 写建筑时，罗总会描绘视觉的经验，但是因为很清楚仅仅这样做是不够的，无法充分发挥语言在建筑上所起的作用，所以他会出其不意地转入思维概念的讨论，并且从这两种"看"的方式的差异中提出自己的论点，这种从视觉到思维认知的转换没有哪里比他写的柯布西耶的《拉图雷特》一文中更加突然。只有通过将关注点转入建筑物的概念，语言讲述的视觉经验才具有意义，因为在从概念出发的交互考查下，眼见的事实开始弱化并遭到质疑。只有"当感觉在显而易见的随意性中变得茫然不知所措之时，思想更倾向于相信直觉，更倾向于认为，尽管矛盾重重，但是在这里，问题不仅已经被认识到，而且已经得到解决，并且，这里存在着一个合理的秩序"时，作品就开始具有了批评的意趣。讲述这种辩证关系是语言独一无二的优势，而且正是语言的这种独特作用确像保了它在现代主义艺术体系中所具有的价值。[2]

福蒂注意到柯林·罗建筑思想中"视觉经验"和"思维概念"两个层面的内容以及它们之间的互动，而且专门以《拉图雷特》为例，这无疑为我们的阅读提供了一条非常重要的线索，本文也将在后面回到福蒂的这条线索。不过此刻要说的是，因为是讨论"词语"（words）与"建筑物"（buildings）的关系，福蒂最终将问题归结为"语言的独特作用"，而在我看来，将"感知"与"概念"置于同等重要地位，柯林·罗的这一立场不仅在他描述的建筑体验和解读上如此（比如我们在《透明性》中可以看到的），而且在他关于建筑创造的认识中同样如此（正如他试图通过勒·柯布西耶予以说明的）。在后面这一点上，《拉图雷特》也是柯林·罗所有文字中最为显著的。

《拉图雷特》最初发表于 1961 年 6 月的英国《建筑评论》（*Architectural Review*）杂志，当时的题目是《里昂埃沃－索尔·阿尔布雷勒的拉图雷特多明我会修道院》（"Dominican Monastery of La Tourette, Eveux-sur-Arbresle,

发表在《建筑评论》的《里昂埃沃－索尔·阿尔布雷勒的拉图雷特多明我会修道院》

---

1 本文最初发表于《Domus 国际中文版》2008 年第 11 期、第 12 期以及 2009 年第 1 期。收录本文集时有修改。

2 阿德里安·福蒂：《词语与建筑物：现代建筑的词汇》，李华、武昕、诸葛净等译，北京：中国建筑工业出版社，2018，第 14 页。

《遵循勒·柯布西耶的足迹》
英文版封面

Lyon"），[1]后在收入《理想别墅的数学及其他论文》（The Mathematics of the Ideal Villa and Other Essays）时，题目被简化为"拉图雷特"。此外，该文也收录于卡罗·帕拉佐罗（Carlo Palazzolo）和里卡多·维奥（Ricardo Vio）主编的《遵循勒·柯布西耶的足迹》（In the Footsteps of Le Corbusier）一书，不过仍然沿用《建筑评论》中的题目，其意大利文版于 1989 年出版发行，英文版则在 1991 年问世。

另一方面，作为 20 世纪重要的建筑理论家、历史学家和评论家，柯林·罗虽然以写短文著称——有时还是《拉图雷特》这类"情景交融"的美文，但是这些看似短小的文章却绝非人们茶前饭后翻阅的消遣读物。相反，它们常常会因闪烁其词的表达方式、赘长的句式以及晦涩朦胧的思路使读者如同雾里看花，不得其要领。关于这一点，对柯林·罗颇有研究的美国学者，也是柯林·罗三卷本文集《诚如我曾经所言》（As I Was Saying）主编的亚历山大·卡拉贡（Alexander Caragonne）曾经这样写道："坦率地说，罗的文风令人气恼，他的文章绝非无所事事的读者翻阅的对象：因为他的句子只能用拐弯抹角来形容。这些句子很多包含 50 个以上的单词，某些多达 100 个单词的句子能够占据书页的四分之一空间。……同样，罗喜欢使用的提示性的而不是肯定性的表达方式也导致某些困难，……此外，罗似乎总是将自己的话语维持在较高的层面上，他要求的学识背景甚至给有修养的读者带来问题，……他我行我素，突然引用加代、《详细报告》（Précisions）或者《作品全集》（Oeuvre complète）原文时又不在注释中提供英文翻译（似乎人人都通晓法文），这样的做法只能说明，罗对读者学识上的不足抱着'无所顾忌'的态度。"[2]

1 | 2 | 3

图 1- 柯林·罗：《诚如我曾经所言》一卷英文版封面
图 2- 柯林·罗：《诚如我曾经所言》二卷英文版封面
图 3- 柯林·罗：《诚如我曾经所言》三卷英文版封面

因为之前读过柯林·罗的部分文章，所以对卡拉贡的论述颇有同感。但是，如果我们希望获得并加深对柯林·罗思想的认识，那么我们唯一能做的就是面对并且设法

---

1 该题目中的地名与柯布《作品全集》（Oeuvre complète）第七卷有关拉图雷特的文字介绍中的地名有细微差别，后者给出的地名是 Eveux-sur-l'Arbresle，这也是吉迪恩在《空间、时间与建筑》中（见 Sigfried Giedion, Space, Time and Architecture, Harvard University Press, 1982, 569 页）和威廉·柯蒂斯在《1900 年以来的现代建筑》中（见 William J. R. Curtis, Modern Architecture since 1900, Phaidon, 1996, 423 页）使用的名称，而弗兰姆普敦则在论述柯布西耶的专著中将该地名写成 Eveux-sur-Arbresle（见 Kenneth Frampton, Le Corbusier, Thames & Hudson, 2001, 174 页）。

2 Alexander Caragoone, The Texas Rangers: Notes from an Architectural Underground (Cambridge, Massachusetts and London: The MIT Press, 1995), pp.149-150.

克服这些困难。阅读于是就成为研究。当然，如果我们把问题反过来看一下，那么在我们这个"多快好省"的信息时代，能够在柯林·罗扑朔迷离的文字所建立起来的思想丛林中做一番潜心阅读和探究，也许还是一种不可多得的智力体验和精神愉悦呢。但是毫无疑问，我们首先必须为此做一定的准备。

准备　　01

— 01 —

从时间顺序上来看，《拉图雷特》是《理想别墅的数学及其他论文》中最晚完成的一篇。此前，柯林·罗已经相继写作了收录在该文集中的其他一系列重要文章，尽管由于种种原因，有些文章首次发表的时间还在《拉图雷特》之后。可以肯定，《拉图雷特》与其他这些文章在思想上有着这样或那样的联系，熟悉这些文章的思想内容就成为阅读《拉图雷特》的前提条件之一。在这方面，特别重要的主题有：《理想别墅的数学》对勒·柯布西耶的加歇别墅与帕拉第奥的马尔肯坦达别墅的比较研究，《手法主义与现代建筑》（"Mannerism and Modern Architecture"）对柯布早年在瑞士家乡拉绍德封（La Chaux-de-Fonds）建造的施沃布别墅（Villa Schwob）与 20 世纪手法主义之复兴的解读和分析，《透明性》对柯布建筑与立体主义绘画的关系以及二维平面与三维进深问题的思辨，《芝加哥框架》（"Chicago Frame"）对柯布"多米诺体系"普遍意义的认识，以及《新"古典主义"与现代建筑》对理论与实践复杂关系的阐述，等等。

了解柯林·罗基本立场和思想框架的另一个重要文献资料是麻省理工学院出版社1996 年出版的柯林·罗三卷本文集《诚如我曾经所言》，其中有两篇文章特别值得一提。一篇是文集第一卷上的《勒·柯布西耶：乌托邦建筑师》（"Le Corbusier: Utopian Architect"）。该文最初于 1959 年在《聆听者》（*The Listener*）上发表。对于《拉图雷特》的阅读而言，该文之所以值得注意，不仅因为它最初的发表时间恰好在《拉图雷特》之前，而且也是一篇专门论述勒·柯布西耶的文章，因此无论在时间上还是在主题上对于我们理解柯林·罗写作《拉图雷特》以及对柯布的认识和思考应该都有一定帮助。

另一篇是《诚如我曾经所言》第二卷上的《挑衅性的立面：正面性与对立平衡》（"The Provocative Façade: Frontality and Contrapposto"）。该文最初是柯林·罗为 1987 年在伦敦举办的展览 "勒·柯布西耶：20 世纪的建筑师"（"Le Corbusier: Architect of the Twentieth Century"）的展览目录而写，同年在西班牙《建筑》（Arquitectura）杂志上转载。从时间上看，该文的写作远在《拉图雷特》之后，但是正如柯林·罗为该文收录在《诚如我曾经所言》时所写的前言表明的，它应该被视为对罗在长期从事的柯布研究中贯彻的学术观点和思想方法的回顾和总结。有意思的是，这一切似乎还与《拉图雷特》有某种特别的渊源关系，因为在这篇前言中，罗将自己长期以来学术思想的出发点归结为 "基于两种刺激：拉图雷特教堂的侧墙和对荷兰'风格派'画家皮特·蒙德里安（Piet Mondrian）作品的长期思考"。柯林·罗还专门讲述了他在英国剑桥多明我教会艾尔提德·伊文思神父（Father Illtyd Evans）的介绍下，于 1960 年 12 月在拉图雷特修道院住过三天的经历。这是一次被柯林·罗称之为 "极有收获的经历"（an infinitely rewarding experience），其间除了增加了一些有关多明我会宗教礼仪的有趣的知识之外，罗在这三天中一直思考的问题就是拉图雷特与多米诺住宅（Maison Dom-ino）、雪铁龙住宅（Maison Citrohan），以及加歇别墅和萨伏依别墅的关系。[1] 相信这些思考对罗此后的柯布研究和学术思想（其中当然也包括《拉图雷特》）有着直接和间接的影响。就此而言，熟悉该文的基本内容甚至可以说是阅读《拉图雷特》的必要准备之一。

— 02 —

除了柯林·罗自己的文章之外，过去数十年中建筑学者对柯林·罗及其思想展开的研究也十分值得关注。首先是本文前面已经提到的亚历山大·卡拉贡在《德州游侠——来自一个建筑学先锋团体的笔记》（The Texas Rangers: Notes from an Architectural Underground）一书中对柯林·罗思想背景和心路历程的阐述，从瓦尔堡学派和他的

---

1 Rowe, "The Provocative Façade: Frontality and Contrapposto," in As I Was Saying Vol. 2 (Cambridge, Massachusetts and London: The MIT Press, 1996), pp.171-72.

硕士论文导师鲁道夫·维特科尔（Rudolf Wittkower）的影响，到二战前后英国现代建筑的佩夫斯纳（Nikolaus Pevsner）色彩，从最初发表《理想别墅的数学》到全面质疑现代建筑史学思想中"时代精神"说，从耶鲁时期受导师美国建筑史学家希区柯克（Henry-Russell Hitchcock）的影响到"德州游侠"时期在德克萨斯大学奥斯汀分校的理论写作和教学实践，从柯林·罗的思想方法到其文风特点，涉及面广且素材充实，可谓柯林·罗研究中首屈一指的文献资料。

另一个对我们理解柯林·罗思想颇有帮助的研究是美国学者马克·林德（Mark Linder）的文集《没有比字面更少——极少主义之后的建筑》（Nothing Less than Literal: Architecture after Minimalism）中的第一章，它的题目是"空白的视觉：柯林·罗的画面性置换"（Blanky Visual: Colin Rowe's Pictorial Impropriety）。在这里，林德对柯林·罗学术思想的特点和发展做了深入解剖，指出"立体主义和形式主义是罗思想中两个基本而又稳定的原则"，即使晚期的《拼贴城市》"与其说是

林德：
《没有比字面更少》
英文版封面

对早期形式主义方法的拒绝，不如说是对这些方法的目的和用途的修正"。[2] 该文尤其值得关注的是，它在向我们展现从罗杰·弗雷（Roger Fry）和克里夫·贝尔（Clive Bell）到克莱门特·格林伯格（Clement Greenberg）为代表的 20 世纪形式主义艺术理论发展的同时，阐述了亨利－罗素·希区柯克《现代建筑——浪漫主义与重新整合》（Modern Architecture: Romanticism and Reintegration）对绘画之与现代建筑的重要意义的关注、以及他的《绘画走向建筑》（Painting toward Architecture）对罗的重要影响。林德还指出，在形式主义的话语范围内，柯林·罗的思想在不同的时期呈现出不同的偏向：《数学》《手法主义》《透明性》比较注重概念方法（conceptual approach），《拉图雷特》更多偏向画面性（pictorialism），而《拼贴城市》则更具现实主义色彩等。[3] 诚然，如同一切急于求成的分类一样，林德的这一说法也有可商榷之处——事实上，将《透明性》归为一种"概念方法"或者将《拉图雷特》归为一种"画面性"显然远不如本文伊始援引的阿德里安·福蒂的认识准确和精妙，不过该文能够把罗的思想放在 20 世纪形式主义的语境中进行阐述，这无疑是对柯林·罗研究的贡献。

《建筑与立体主义》（Architecture and Cubism）不是一部柯林·罗研究的专著，但是正如该书的题目已经表明的，它涉及的建筑与立体主义绘画的主题必然在一定程度上与柯林·罗有关，其中又以北美学者德特勒夫·默廷斯（Detlef Mertins）论述"透明性"问题的论文《恰恰不是字面的：西格弗里德·吉迪恩与德国对立体主义的接受》

2 Mark Linder, Nothing Less than Literal: Architecture after Minimalism (Cambridge, Massachusetts, and London: The MIT Press, 2004), p.22.

3 Ibid, p.38.

1 | 2 | 3 | 4

图1-《建筑与立体主义》英文版封面
图2、3-吉迪恩：包豪斯校舍和毕加
索《阿莱城姑娘》的并置
图4-《轻建造读本》英文版封面

（"Anything but Literal: Sigfried Giedion and the Reception of Cubism in Germany"）与柯林·罗的关系最为密切。默廷斯的论文直指罗和斯拉茨基在《透明性》中对吉迪恩"透明"概念的解释乃至攻击。按照罗和斯拉茨基的观点，吉迪恩在《空间、时间与建筑》（Space, Time and Architecture）中将格罗皮乌斯的包豪斯校舍与毕加索的《阿莱城姑娘》（Arlésienne）并置在一起完全是牛头不对马嘴，因为包豪斯校舍的"透明"只是以玻璃等材料为介质的"字面透明"（literal transparency），而《阿莱城姑娘》等立体主义绘画中包含的透明则迥然不同，必须用他们所谓的"现象透明"（phenomenal transparency）概念，或者说一种更为复杂的、在二维画面上进行的空间重叠的"透明性"才能得到恰当的理解。这样一来，吉迪恩的"透明性"被认定为"字面的"，而柯布建筑则是"现象透明"的最好诠释。默廷斯并不反对后一种观点，他试图质疑的只是罗和斯拉茨基将吉迪恩的观点归结为简单的"字面透明"的做法。与罗和斯拉茨基的方法不同，默廷斯将吉迪恩的思想放在其形成的20世纪初期德国文化和艺术界对立体主义的讨论和接受的语境中进行认识。由此得出的结论是：建立在时间-空间概念基础上的吉迪恩的"透明性"绝非罗和斯拉茨基所说的"看透玻璃"的"字面透明"那么简单。相反，与罗和斯拉茨基偏重视觉运动二维性的"现象透明"不同，吉迪恩的"透明性"强调的是身体在时空中的运动，而在这种意义上的"透明性"不能等同于罗和斯拉茨基所谓的"字面透明"。

柯林·罗和斯拉茨基的《透明性》引发的是20世纪建筑理论界一场颇为旷日持久的学术之争。事实上，无论是在默廷斯之前还是之后，都曾经有西方学者在不同场合对罗和斯拉茨基在"透明性"问题上的立场和观点展开讨论和批评。比较著名的有美国建筑与艺术史学家罗丝玛丽·哈格·布莱特（Rosemarie Haag Bletter）最初于1978年在《对立面》（Oppositions）杂志第13期上发表的题为《不透明的透明性》（"Opaque Transparency"）的评论文章，还有瑞士学者维尔纳·厄克斯林（Werner Oechslin）为《透明性》法文版所写的专题文章，该文后来在英文版的《透明性》单行本（也见该书中文版）中再次发表。[1] 这些文章，包括默廷斯自己后来发表的另一篇题为《透明性：自主与关联》（"Transparency: Autonomy and Relationality"）的论

---

1 见柯林·罗和罗伯特·斯拉茨基：《透明性》，金秋野、王又佳译，北京：中国建筑工业出版社，2008，第9-22页。

文都是对"透明性"的专题讨论——后收集在《轻建造读本》(*The Light Construction Reader*)一书中许多话题与本文的《拉图雷特》阅读其实并无十分直接关联。但是另一方面,正是这些文章使我们看到学者们一再指出的、蕴涵在柯林·罗思想中的"概念性"与"画面性"的互动,同时也提醒我们,尽管《透明性》堪称20世纪建筑学理论的经典,但是其论证却远非无懈可击。同样的问题会出现在《拉图雷特》之中吗?

— 03 —

作为一篇论述勒·柯布西耶作品的专题文章,《拉图雷特》的阅读无疑还要求我们对该建筑具有一定的了解。在这方面,柯布《作品全集》第六卷和第七卷可为我们提供基本的素材。拉图雷特从设计到建成历时数年,而《作品全集》又是按时间顺序编排的,所以拉图雷特两度出现在《作品全集》之中并不奇怪。第六卷(1952-1957)以方案、模型照片和施工中的照片为主,而第七卷(1957-1965)展示给读者的则是该建筑已经建成并投入使用后的照片,此外还有三个主要楼层的平面图、一个剖面、一个简要的总图和一个概念性草图。

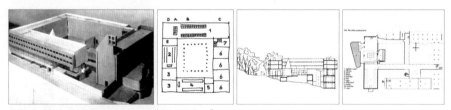

图1- 勒·柯布西耶:《作品全集》第六卷上的拉图雷特模型　　　　　　　　　　　　　　1 | 2 | 3 | 4
图2、3、4- 勒·柯布西耶:《作品全集》第七卷上的拉图雷特线图

拉图雷特是柯布晚期的重要作品,因此现代建筑史学著作中不乏各种介绍。比较早的,相信也是比较权威的是吉迪恩在《空间、时间与建筑》中的论述。《空间、时间与建筑》首版于1941年,当时拉图雷特还没有问世,自然没有可能在该书中出现。1966年第五版将拉图雷特与格罗皮乌斯的雅典美国大使馆、柯布的哈佛大学卡彭特视觉艺术中心、密斯的墨西哥巴卡迪管理大楼以及阿尔托的数个社区中心建筑一并增收在书中。作为与柯布同一代的现代运动的中坚人物,吉迪恩对拉

图雷特的论述不仅充分体现了他对现代建筑和柯布及其设计思想的颇为独到的理解，而且不时流露出他与柯布亲密的私人关系以及这种私人关系对吉迪恩观点的影响。但是总的来说，吉迪恩的论述属于常识性的，并无多少深刻的分析可言。不过对于并不十分了解拉图雷特的读者而言，有些常识倒是值得注意的，比如通常所说的"拉图雷特修道院"实际上是由三边形的修道院建筑和相对独立的教堂建筑两部分组成的。用吉迪恩的话来说："三边形修道院综合体与构成第四条边的教堂在空间上是彼此分离的。"[1]

与吉迪恩的"简述"相比，威廉·柯蒂斯（William Curtis）的柯布专著《勒·柯布西耶：理念与形式》（*Le Corbusier: Ideas and Forms*）对拉图雷特的论述要深入细致得多。在这里，人们既可看到对拉图雷特的近乎是"步移景异式"的描述和介绍，又可领略到对柯布拉图雷特设计思想的深入浅出的剖析。拉图雷特在什么意义上是柯布建筑的集大成之作；"理念"与"形式"的关系如何在拉图雷特上体现出来；柯布如何将不同的甚至是冲突的形式并置在同一个建筑之中；"新建筑五点"如何在拉图雷特得到丰富与发展；著名的"错动式玻璃划分"（*ondulatoires*）如何在表述其原创者埃阿尼斯·塞纳基斯（Iannis Xenakis）的音乐理念的同时，恰到好处地表达了将柯布惯用的"遮阳板"（*brise-soleil*）建筑语汇与作为机械时代之化身的"玻璃墙面"（*pans de verre*）相结合；拉图雷特建筑的精神性何在？在这些问题上，柯蒂斯的论述应该说是细致而精辟的。

如果要了解拉图雷特的设计和建造过程，以及在这一过程中影响柯布构思的因素、设计方案的演变和修改、建筑师与业主的关系、建筑材料的选择、模度与比例关系的体现、其他合作者发挥的作用等问题，中国建筑工业出版社翻译出版的由法国人菲利普·波蒂耶（Philippe Potié）编著的《勒·柯布西耶：拉图雷特圣玛丽修道院》（*Le Corbusier: le Convent Sainte Marie de la Tourette*）可谓是一部当之无愧的珍贵读本。特别值得一提的是，该书提供的有关拉图雷特的部分设计草图和过程方案的资料，无论对我们理解柯布的拉图雷特设计，还是进行柯林·罗《拉图雷特》的阅读，应该都有相当重要的帮助。

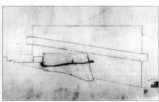

1 | 2 | 3

图1- 柯蒂斯
《勒·柯布西耶：理念与形式》英文版封面
图2- 波蒂耶：《勒·柯布西耶：
拉图雷特圣玛丽修道院》中文版封面
图3-勒·柯布西耶拉图雷特设计草图之一

1 Sigfried Giedion, *Space, Time and Architecture: The Growth of a New Tradition* (Cambridge, Massachusetts: Harvard University Press, 1982), p.570.

— 01 —

有了上述的基本准备，我们可以胸有成竹地进行《拉图雷特》的阅读了吗？如同《理想别墅的数学及其他论文》中的诸多文章一样，《拉图雷特》伊始也引用了一段别人的文字作为开场白。[2] 这次引用的是荷塞·奥尔特加·伊·加赛特（José Ortega y Gasset，1883 – 1955）在《关于堂吉诃德的沉思》（ *Meditation on Quixote* ）中的一段文字，具体如下：

> 无论空间还是时间、视觉还是听觉，当深度总是呈现在一个表面上的时候，该表面也就拥有真正的双重属性：一个是我们拥有的物质本身，另一个则是我们在它的虚拟化的第二生命中看到的属性。在后一种情况中，表面仍是平坦的，却具有某种纵深感。这就是我们所谓的短缩法透视。短缩法透视使视觉深度成为可能，甚至可以导致简单的视觉现象与纯粹的智性行为混淆不清的极端情况。

奥尔特加·伊·加赛特是西班牙哲学家和作家，出生在一个自由主义思想的知识分子家庭，曾任马德里大学形而上学教授，其哲学主要是讨论他所谓的"生命理性的形而上学"。他最著名的著作是 1930 年完成的《群众的反抗》（ *The Revolt of the Masses* ），从自由主义立场对以左翼面貌（布尔什维克）和右翼面貌（法西斯）出现的民粹主义进行了批判。奥尔特加·伊·加赛特也曾经积极参与政治，反对君主制度，主张共和，但很快对政治失望。西班牙内战期间流亡海外。二战后返回西班牙，创建马德里人文研究所。由于经费短缺，该所于两年后关闭。1955 年，奥尔特加·伊·加赛特在马德里去世。

我们没有《关于堂吉诃德的沉思》的资料。相信它与奥尔特加·伊·加赛特的政治、社会以及美学思想应该有着这样或者那样的联系。但是，无论柯林·罗在政治思想上是否会与奥尔特加·伊·加赛特的自由主义立场产生共鸣，柯林·罗首先还是在视觉意义上引用奥尔特加·伊·加赛特的这段文字的，至少对在《拉图雷特》中讨论的问题来说是这样，尽管乍看起来，它似乎更接近与罗和斯拉茨基在《透

---

2 在《理想别墅的数学及其他论文》中，此类文章有《理想别墅的数学》《新'古典主义'与现代建筑（二）》《透明性》《拉图雷特》《乌托邦建筑》。

明性》中探讨的问题：深度在表面呈现，导致表面的双重属性，一个是物质本身，另一个则是它的虚拟化的第二属性。换言之，前者与他们所谓的"字面透明"有关，而后者则属于"现象透明"的范畴。

有趣的是，虽然透过这段引言，我们能够隐约看到"透明性"讨论的问题，但是它并没有出现在《透明性》之中。也许这多少可以说明，尽管1955-1956年间已经写成的《透明性》直到1963年才得以发表（这已经是在《拉图雷特》发表之后两年的时间），但是其间柯林·罗不仅没有因《透明性》一文遭封杀而放弃，而且还力图借助于其他思想资源进一步发展了对这个问题的思考。在这里，我们有理由接受马克·林德的观点：从《透明性》开始，绘画与建筑的关系就成为柯林·罗思想的发展进程中一个中心的议题。但是，如果说《透明性》中问题的讨论仍然带有强烈的概念性方法色彩的话——比如对"字面透明"和"现象透明"概念的纠缠，并且也正是在概念层面上引发了本文前面提及的关于"透明性"问题的学术争论——那么柯林·罗此后的方法则更加偏向"画面性"，或者说更加感性，更加心理学化。就此而言，《拉图雷特》伊始对奥尔特加·伊·加赛特的引用是否正是这一转向的体现？借助这一转向，柯林·罗是否准备在《拉图雷特》中进行一场奥尔特加·伊·加赛特意义上的"简单的视觉现象与纯粹的智性行为混淆不清"的游戏？

— 02 —

如同1950年在《建筑评论》上发表的《手法主义与现代建筑》，《拉图雷特》正文是从柯布1916年在瑞士家乡拉绍德封建成的施沃布别墅主立面的光墙开始的。该建筑曾经被柯布用在《走向一种建筑》（ *Vers une architecture*，通常译为《走向新建筑》[1]）之中，作为讲述古典建筑比例的案例之一），但是后来却出人意料地被柯布排除在《作品全集》之外。按照罗的说法，尽管它"才华横溢且历史地位显著，却未能在《作品全集》中获得一席之地"，完全是因为它不符合柯布希望《作

图1- 勒·柯布西耶：施沃布别墅
图2-《走向一种建筑》中作为比例典范的施沃布别墅立面图
图3- 帕拉第奥府邸

1 | 2 | 3

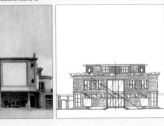

---

1 关于这个问题的讨论，见王骏阳：《勒·柯布西耶 Vers une architecture 译名考》，《理论·历史·批评（一）》，上海：同济大学出版社，2017，第58-73页。

品全集》应该传播的现代主义的教化意义。[2]不过在罗看来，教化是一回事，现代主义建筑师的实际情况又是另一回事。而且虽然玩弄形式的"手法主义"曾经遭到"现代主义"的唾弃，罗还是在施沃布别墅上发现了"手法主义"的蛛丝马迹，并由此展开了一场"手法主义与现代建筑"（而不仅仅是"手法主义"与施沃布别墅或柯布）以及20世纪手法主义之复兴的讨论。

然而，柯林·罗在《拉图雷特》伊始重提施沃布别墅显然另有他图。如果说《手法主义与现代建筑》对施沃布别墅的关注还可以通过对早期柯布与以帕拉第奥为例的"手法主义"建筑语汇的种种瓜葛展开讨论的话，[3]那么在《拉图雷特》中，柯林·罗已经不打算对施沃布别墅展开具体的讨论，而只能将它作为一个引子，为拉图雷特的论述提供某种线索。这个线索与两个建筑都有处于显赫位置的实墙面有关。当然，柯林·罗同时也敏锐地指出两者的差异："在拉绍德封，实墙面处于立面的中心位置；而在拉图雷特，巨大的实墙面构成的则是教堂的北翼。"

那么，通过施沃布别墅引入实墙面的问题之后，柯林·罗又是从什么地方入手进一步展开他的拉图雷特分析的呢？前面说到柯林·罗在《拉图雷特》之前不久发表的《勒·柯布西耶：乌托邦建筑师》一文，罗在文中将柯布称为自米开朗基罗以来最为伟大的建筑师，同时写道："他的影响主要通过有大量插图的著作产生；如果我们想要理解它的实质，那么我们就必须阅读他的《走向新建筑》（*Towards a New Architecture*）（不用说，这个《走向新建筑》就是柯林·罗在许多其他情况下用法文原文提及的《走向一种建筑》——引者注）等早期著作，以及发表他的建筑和设计方案的《作品全集》。因为在这些著作中，柯布提供了一种参照的框架，说服我们接受这样的框架，提出问题，并且按照他的观点回答这些问题。"[4]果然，《拉图雷特》接下来就是这样做的。

柯林·罗援引的是柯布在《走向一种建筑》中的几段话，都是为书中插图加注的文字。在陈志华先生的中文译本（陕西师范大学出版社）中，它们分别位于第47页、162页和174页。按照罗的说法，这些文字是柯布对雅典卫城情有独钟的佐证，而从其内容看，柯布更为赞赏的其实是雅典卫城与其周围从比雷埃夫斯到潘泰利克山的自然景观的关系。柯林·罗为什么要引用这几段文字？是不是为了说明类似的

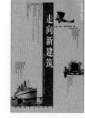

1 | 2　　图1- 陈志华译《走向新建筑》中文版封面
图2- 勒·柯布西耶：从雅典卫城向比雷埃夫斯远眺

2 Colin Rowe, "Mannerism and Modern Architecture," *The Mathematics of the Ideal Villa and Other Essays*, p.30.

3 关于这个问题，也可参见 Daniel Sherer, "Le Corbuiser's Discovery of Palladio in 1922 and the Modernist Transformation of the Classical Code," *Perspecta, The Yale Architectural Journal*, No. 35, 2004, pp.20-39.

4 Colin Rowe, "Le Corbusier: Utopian Architect," *As I Was Saying* Vol. 1, ed. Alexander Caragonne (Cambridge, Massachusetts, and London: The MIT Press, 1996), p.137.

关系也是柯布在拉图雷特的设计中努力追求的？如果充分利用菲利普·波蒂耶在《勒·柯布西耶：拉图雷特圣玛丽修道院》中提供的资料，我们就可以看到建筑与场地和景观的关系确实是柯布设计拉图雷特最基本的出发点之一。但是，柯林·罗似乎没有局限于这个问题，而是把拉图雷特与雅典卫城的类比进一步强化了。他写道：

> 在拉图雷特，尽管我们看不见比雷埃夫斯和潘泰利克的景色；尽管呈现在我们面前的是埃斯科里亚尔式（a species of Escorial）的，而非帕提农式的平面类型；尽管一方面作为乡间离舍，另一方面又体现着第二帝国的建筑意愿，拉图雷特古堡与雅典卫城山门的作用绝不能相提并论——差异是如此显而易见，以至我们无需再强调这一点——但是仍有一些组织方式，比如前视与四分之三视的围合、轴线强化、纵向与横向动感之间的张力，以及特别值得注意的建筑体量与地形的交错关系，等等，能够表明拉图雷特修道院的空间机制很有可能从一开始就是对雅典卫城素材的某种十分个人化的解读。

上述这段文字中有几个问题值得注意。首先，柯林·罗把拉图雷特与位于西班牙首都马德里西北郊的埃斯科里亚尔宫联系起来，这样的观点真可谓别具一格。从吉迪恩到柯蒂斯，人们都把柯布设计拉图雷特之前在赋予他设计任务的库丢里耶神父（Father Marie-Alain Couturier）的建议下参观的位于法国普罗旺斯地区的图罗内修道院（Le Thoronet）作为柯布拉图雷特修道院的原型。后面这一关联也出现在肯尼斯·弗兰姆普敦的柯布专著中。[1] 其他文献资料如波蒂耶的《勒·柯布西耶：拉图雷特圣玛丽修道院》还提到柯布早年在"东方之旅"（*Voyage d'orient*）中拜访过的希腊阿托斯圣山（Athos）上的西蒙诺·派特拉修道院（the Monastery

图1-埃斯科里亚尔宫　图2-图罗内修道院模型　1 | 2

of Simono Petra）以及位于意大利托斯卡尼地区的爱玛公学（the Charterhouse of Ema）的影响。[2] 相信柯林·罗不会对这些先例一无所知。他略去这些被史学家们反复提及的案例，反而将拉图雷特与一般认为毫无关联的埃斯科里亚尔宫联系起来也许自有他的道理。

其实在《空间、时间与建筑》中，吉迪恩也已经注意到拉图雷特其实并没有传统修道院建筑惯有的围廊式内院（cloister），取而代之的是占据在内院之中的高低

1　Kenneth Frampton, *Le Corbusier* (London: Thames & Hudson, 2001), p.174

2　也见骆可：《拉图雷特修道院与影响其设计过程的三个先例》，《建筑师》2007年第6期（总130期），第61-68页。

错落的走道和楼梯。拉图雷特之所以没有能够形成传统的围廊式内院，吉迪恩的解释是整个综合体坐落在坡上，又有相当一部分底层架空，因而无法达到围廊式内院要求的简朴的围合感。[3] 因此，尽管有众多明显的先例曾经深深打动柯布，并且或多或少影响了拉图雷特的设计，但是柯布已经在基本的院落设计上违反了传统修道院的惯例。而正是在内院的处理方式方面（而不仅仅是其四方的围合形式），拉图雷特与埃斯科里亚尔不无相似之处。显然，柯林·罗的观察更多专注于基于结果的形式比较，而不是史学家们"有据可查"的史证。我们由此也可以再一次领略，由沃尔夫林开创的更为"纯粹"的形式比较方法是如何在柯林·罗学术研究中发挥至关重要作用的。

其次，柯林·罗的上述原文中出现的"the old château"究竟是指什么？由于埃斯科里亚尔的出现，加之柯林·罗又提到"第二帝国"，而埃斯科里亚尔正是西班牙国王菲利普二世时期建造的，所以读者很容易就认为这个"the old château"就是指埃斯科里亚尔。但是，细心的文献研究完全可以得出另外的结论。《建筑评论》和《理想别墅的数学及其他论文》上的《拉图雷特》均没有该建筑的总平面图。倒是《遵循勒·柯布西耶的足迹》中出现一张总图。[4] 这个总图与柯布在《作品全集》中提供的拉图雷特总图有很大的差别，看上去似乎是文章作者或者该书编者为《拉图雷特》一文特别绘制的（它没有出现在具有相同标题的《建筑评论》版本之中）。仔细一看，在它的下方有一个建筑 A 的标注不是别的，正是"the old château"（在柯布提供的总图中，该建筑标注的是"多明我教会神父们的旧舍"——the former house of the Dominican fathers）。这样一来，一切就豁然开朗了，柯林·罗接下来用"old château"来比拟雅典卫城山门也就变得可以理解了。事实上，从这个总图来看，"旧舍"与拉图雷特修道院的关系还真有些令人想起雅典卫城山门与帕提农神庙的空间关系呢。

1 | 2 | 3　　图 1–《遵循勒·柯布西耶的足迹》中的拉图雷特总平面图　图 2– 勒·柯布西耶《作品全集》中的拉图雷特总平面图　图 3– 拉图雷特内院

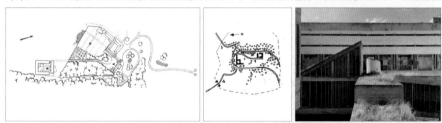

第三，柯林·罗认为拉图雷特修道院的空间机制，比如正面与三翼的围合、轴线感的强化、纵向与横向运动之间的张力，以及建筑体量与地形的交错关系，等等，从

3　Giedion, *Space, Time and Architecture*, p.576.

4　Carlo Palazzolo and Richardo Vio eds., *In the Footsteps of Le Corbusier* (New York: Rizzoli, 1991), pp.223-241.

一开始就很可能是柯布对雅典卫城素材的某种十分个人化解读的结果，这也是有关柯布的论述中十分罕见的观点，颇有《理想别墅的数学》将柯布的加歇别墅（Villa Garches）与帕拉第奥的马尔肯坦达别墅（Villa Malcontenta）进行类比的意味。如同后面这一类比总能引发柯布是否真的在设计加歇别墅时参照了马尔肯坦达别墅平面的疑问一样，柯布的拉图雷特设计确实有意参照雅典卫城吗？还是这只是柯林·罗自己的个人化解读呢？罗没有也无意在这篇文章中学究性地论证这些问题，而是很快离它而去，因为他别出心裁地塑造出来的一个"偶然的造访者"（the casual visitor）——其实就是罗自己——"将无暇顾及这些"。罗写道：

> 但是，偶然的造访者将无暇关注这些。他已经爬上山丘，穿过一道拱门，到达一个散落着砂砾的庭园，眼前是一个看起来如画似景的缝隙，它位于两个完全分离的建筑之间，仿佛是在不经意间产生的空间效果。左边是一个孟莎式屋顶般的钟亭，上面的钟带有蓝色的塞夫尔瓷器制品；右面是厨房的后院，边界难以确定。

按照柯布《作品全集》上的总图，造访者可以由图中的 4 号或者 3 号路口接近拉图雷特，但无论哪条路径都会经由教堂的北侧引向位于该建筑东侧的修道院主要入口，与此同时还有一条尽端式的支路可以让造访者贴着建筑的西侧接近修道院。这两条路径也同样反映在柯林·罗提供的总图上面。考虑到主要入口的位置，正常的路径应该是东侧的那条。因此，它不仅是柯蒂斯在论述拉图雷特时使用的路径，[1] 而且也是《步行走过勒·柯布西耶：游览他的旷世杰作》（*Walking through Le Corbusier: A Tour of His Masterworks*）一书的作者带领读者游览该建筑的首选路线。[2] 但是，沿着这一路线，造访者会穿过什么样的 archway？难道是主入口外面示意性的独立门框？如果是，造访者可以发现一个"如画似景的缝隙，它位于两个完全分离的建筑之间"吗？他可以看到"左边是一个孟莎式屋顶般的钟亭，上面的钟带有蓝色的塞夫尔瓷器制品；右面是厨房的后院，边界难以确定"吗？看起来，即便从主入口可以看到内院对面的一条缝隙，接下来的钟亭和厨房后院的方位也完全不对。

1 | 2 | 3

图1– 拉图雷特及其东侧道路
图2– 拉图雷特入口
图3– 拉图雷特入口对面的内院缝隙

1 William J R Curtis, *Le Corbusier: Ideas and Forms* (London: Phaidon, 1986), p.182.

2 José Baltanás, *Walking through Le Corbusier: A Tour of His Masterworks* (London: Thames & Hudson, 2005), p.140.

让我们尝试另一条路径。无论是柯布的总图，还是罗的总图，这条路径的终点都有些含糊其辞。在柯布的总图上，这条路径在建筑的南端结束。沿着这条路径，造访者可以从两个地方进入内院，一个位于教堂和修道院日常生活区域之间的缝隙，另一个则是接近南端时出现的架空部分。我们可以把这一架空层理解成柯林·罗所说的"archway"吗？如果是，钟亭和厨房后院的方位在哪里呢？

1 | 2 | 3

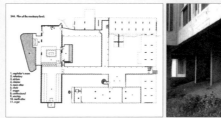  

图1– 拉图雷特底层平面图
图2– 拉图雷特的底层架空
图3– 拉图雷特教堂与修道院
之间的天桥

看来，只有位于教堂和修道院日常生活区域之间的那条缝隙才最有可能是柯林·罗提供的"造访者"行进路线，因为从这里进入内院，眼前位于两个建筑之间的缝隙（指位于内院东北角的那个缝隙）、钟亭、厨房后院才可以一一对号入座。至此，我们似乎终于可以理解，为什么柯林·罗总图上的那条支路要比柯布总图上的支路短很多，而且正好在东北角那个教堂与修道院之间的缝隙处结束。

但是这样一来，所谓的"archway"就不能从字面上理解成"拱道""拱廊"或者"拱门"，而只能是柯布为在屋顶形成他所谓的"建筑漫步"（promenade architecturale），在教堂和修道院生活区之间架设的天桥。也许，我们从一开始就应该注意到"厨房后院"这个细节，找出它的平面位置，从而避免自己宛如陷入侦探小说的迷径一样，在阅读理解上走这么多冤枉路！

— 03 —

然而，当我们自以为已经破解了罗为"造访者"设计的行进路线之时，柯林·罗却告诉我们：

> 这些，他模糊地意识到，都只是视觉景观中十分次要的成分。因为
> 就在正前方，矗立着一部"激动人心的机器"，卓越非凡，不带
> 任何传统建筑的影子，这才是他前来考察的对象。

由此看来，柯林·罗之前描述的 archway 也好，"散落着砂砾的庭园"或者"看起来如画似景的缝隙"也罢，还有"孟莎式屋顶般的钟亭"以及边界难以界定的"厨

拉图雷特旧舍

房的后院"，都与柯布的拉图雷特修道院无关，而只是"旧舍"中的一切。因为"造访者"显然还在"旧舍"的位置，就好似前去探访帕提农神庙的"造访者"还处在山门的位置一样。在他的正前方，"矗立着一部'激动人心的机器'，卓越非凡，不带任何传统建筑的影子，这才是他前来考察的对象"。

是的，柯布曾经用"激动人心的机器"（ *machine à émouvoir* ）表达对帕提农神庙的美誉，它出现在《走向一种建筑》论述建筑问题的第三部分"建筑——纯粹的精神创造"，即帕提农神庙的文字说明之中，这段文字的法文原文是这样开始的：*"Voici la machine à émouvoir…"*（这里是激动人心的机器）。[1] 现在，柯林·罗用它来形容拉图雷特教堂，不仅以一个戏剧性的方式定位了"造访者"所处的"旧舍"与拉图雷特修道院之间类似雅典卫城山门与帕提农神庙的空间关系，而且他对柯布的拉图雷特的评价之高也溢于言表。

但是，拉图雷特给"造访者"的第一印象又完全不是帕提农神庙可以等同的。相反，面对这样一个"卓越非凡"的杰作，这位"偶然的造访者"却遭遇了前所未有的彷徨和迷惑：

> 暗地里，这位偶然的造访者感到有点沮丧。对于缺少前奏的建筑作
> 品，他已经不会大惊小怪。他感觉自己现在已经能够从容应对没有
> 任何铺垫的建筑体验。他已经相当老到，但是他仍然始料未及，
> 自己会在这里像从头到脚被泼了一盆冷水似的。

看来，之所以会有这样的始料不及，完全是因为作为整个拉图雷特修道院的主立面，教堂的北墙展现给人们的面貌不仅"卓越非凡"，而且更重要的是"不带任何传统建筑的影子"。人们可以同意柯布对帕提农神庙的赞美，可以欣赏这部"激动人心

---

1 在陈志华先生翻译的《走向新建筑》中文本 2004 年第二版中，这张照片出现在 181 页，文字说明的译文为："这是激动人心的机器，我们进入了力学的必然性里。这不是加于这些形式的象征，这些形式激起了一些明确的感觉，为了理解，并不需要一把钥匙。有点粗野，有点紧张，更加温柔，非常细腻，非常有力。是谁发明了这些因素的构图？一个天才的发明家。这些石头在潘特利克上的矿脉里是冥顽不灵的，没有形象的。为了把它们组织成整体，要的不是工程师，而是一个伟大的雕刻家。"

的机器"，可是当他面对拉图雷特教堂这部新的"激动人心的机器"时，却惶惶然不知所措了。君不见：

> 垂直墙面上的水平切缝幽深绵长，下方的基座倒是一副悠然自得的样子，上面放着几个东倒西歪的玩意儿；谜一样的墙面上斑痕累累，如同岁月的创伤，它是建筑师的刻意之作。无论如何，与造访者的期待相比，一切都是牛头不对马嘴，不是艰深晦涩，就是索然无味。因此，当三个东倒西歪的玩意儿，也就是所谓的"采光炮筒"，看起来就像殉道的残骸万般痛苦地在风雨中飘摇，当光秃秃的总体视觉感受或许与宗教的匿名性相关，并且也还能引起这位造访者的无限遐想之时，此刻的他由于感到处在一个随心所欲的建筑展现之中，所以实在很难赋予自身的体验任何重要的意义。

显然，这里说的"教堂北墙"已经不仅仅是它的墙面本身，而且也包括凸现在它前面的曲线形的教堂侧室及其屋顶三个被柯布自己称之为"采光炮筒"（canons à lumière）的"东倒西歪的玩意儿"，甚至还应该包括教堂上方的钟亭。对于这位"偶然的造访者"颇为沮丧的反应，稍有写作经验的人也许会认为，这是柯林·罗为他后面的论述打下的某种伏笔，甚至是为了渲染某种特定的文学气氛，因此可以轻松地一带而过。

1 | 2 | 3 | 4

图1– 拉图雷特教堂北墙与"采光炮筒"
图2– 拉提雷特教堂侧室的采光炮筒
图3– 拉提雷特教堂侧室的采光炮筒内部
图4– 钟亭

然而，柯林·罗通过"偶然的造访者"塑造的视觉和心理碰撞（称它为视觉和心理游戏也未尝不可）由此却一发而不可收。首先，正如我们已经可以期待的，这位"偶然的造访者"不明白，耸立在眼前的这堵教堂的实墙，究竟应该理解成建筑的正面还是侧面？罗写道：

> 教堂北侧的墙面令人百思不得其解，很难想象还有更让人琢磨不透

的元素了，这一点已经显而易见。但是，倘若造访者可以将它理解为建筑的正面，那么他还会将这一不可思议的视觉屏障理解为一个典型的端头处理。确实，这堵墙体犹如一道巨大的堤坝，在它的背后积蓄着巨大的精神力量。或许，这就是它的象征性所在。

作为一部"激动人心的机器"，柯林·罗将其称之为"一道巨大的堤坝，在它的背后积蓄着巨大的精神力量"也许再恰当不过。事实上，柯林·罗对拉图雷特教堂的这一评价在一定程度上已经成为一段具有经典意义的论断，以至柯蒂斯曾经把它直接引用在自己对拉图雷特的阐述之中。[1] 如果用雅典卫城山门与帕提农神庙的关系来理解，这堵实墙就应该是建筑的正面。可是对于稍有建筑修养的"偶然的造访者"来说，这样的正面未免也太有些不合常理——正面应该有更为丰富的建筑表情和形象，比如帕提农神庙的山花和柱式。他因此心存疑虑：也许绕过墙角之后呈现的才是建筑的正面？

但是参观者还知道，它是建筑的一部分，而且他相信，自己正在接近的是一个侧面，而非正面。他因此感到，他正在获得的信息除了有趣之外并没有什么重要的地方。在这里，建筑师展现的只是建筑的侧影，而非全貌。相应地，由于他期待转过墙角一定能看到富有表情的面貌，就好比此处的教堂只是一个"茫然的侧影"般的肖像题材，他开始穿越一个想象中的画面，以便捕获该建筑真正的正面性。

"茫然的侧影"（*profil perdu*）源自法文，是一个美术学上的概念。根据在范景中先生主持翻译的《艺术词典》中，它被译为"失去侧面"，通常指艺术

作品中人的头部或其他物体的正面与观众之间的角度超过90°时产生的背侧面。[2] 换言之，如果把拉图雷特的北面理解成背面，按照柯林·罗的总图提供的行进路线，人们从"古堡"向柯布的拉图雷特走去的进程中看到的恰恰是该建筑北面和西面构成的背侧面。

图1–《艺术词典》中文版封面   1 | 2 | 3
图2–绘画中的"失去侧面"
图3–拉图雷特北面和西面构成的背侧面

与此同时，情况变得越来越复杂。一方面，"造访者"的眼球被钟亭部分斜切的

---

1 William Curtis, *Le Corbusier: Ideas and Forms*, p.182.

2 爱德华·露西－史密斯，《艺术词典》，范景中主编，殷企平、严军、张言梦译，北京：生活·读书·新知 三联书店，2005，第165页。

女儿墙及其对角交汇等生动的建筑外形所吸引，另一方面又随着建筑的接近越发感到无所适从。他开始左顾右盼，侧身向远处的景色看去。于是：

> 原本作为一种视域背景或者说一种透视截面的墙体，现在变成另一视
> 域的侧屏，变成一根主要的正交线，将人们的视线引向空旷的远方，
> 同时通过衬托前景中的情节，也就是那三个东倒西歪的玩意儿，又
> 在近景和远景之间引发了一种莫名其妙的张力。

似乎这还不够，随着透视问题的加入，地形也来凑热闹：

> 随着人们一步步接近教堂，原本看上去无关紧要的场地变成了一个
> 由一系列崛地而起而又无法弥合的豁口组成的撕裂空间。

很显然，通过"偶然的造访者"，柯林·罗极力营造的是一种在体验拉图雷特时面临的错综复杂的心理与视觉感受，它们相互交织在一起，竭力抵抗和瓦解任何先入为主的观念和理论主张。应该说，这与《理想别墅的数学》或者《透明性》概念先行的策略已经相去甚远，其主观意图是如此强烈，以至柯林·罗自己都说这似乎有点"过于耸人听闻"（too lurid）了。但是，他指出：

> 即便它的强度被言过其实，却也没有严重歪曲一种出人意料而又令人
> 备受折磨的体验性质。有可能这样认为，甚至有理由这样认为，这个"建
> 筑漫步"的最初意图就是要暗示，造访者的地位不幸是多么卑微。墙
> 体冷漠孤傲。参观者可以进入，却不能自作主张。墙体是宗教机构纲
> 领的总结。但是参观者却被置于这样一种境地以至他无法获得体验的
> 连贯性，他需要承受两种截然相反的刺激，他的意识处于分裂的状态。
> 而且，既在建筑中孤立无援，又享受某种建筑的支持。为摆脱这种困
> 境，他渴望着，事实上也不得不——他别无选择——进入这个建筑。

表面上，柯林·罗的这段文字似乎有批评柯布的意思——"建筑漫步"的设计理念似乎有点太妄自尊大了，完全置人的感受于不顾。然而，作为一个建筑作品，拉图雷特如果真能激起人们如此强烈且错综复杂的体验和感受的话，罗的论述与其说是批评，还不如说是一种高度赞誉。也许，只有莎士比亚的悲剧才有如此动人的力量呢。

图1- 加歇别墅鸟瞰轴侧   1 | 2
图2- 赫斯利：加歇别墅"现象透明"中的界面

极度矛盾和困惑的体验压力迫使"偶然的造访者"进入建筑。应该指出的是，这里所谓的"进入建筑"并非进入教堂或者其他什么通常意义上的建筑室内，而是穿越柯林·罗通过教堂北面的实墙构造的一个界面（plane）。在《手法主义与现代建筑》中，这个界面是施沃布别墅的沿街立面，特别是那片以罗称之为"空白镶板"（blank panel）为中心的帕拉第奥式的墙面，而在《透明性》中，这种"界面"也反复出现——事实上，柯林·罗和斯拉茨基对加歇别墅"现象透明"的论证就是以对花园立面多重"界面"的确立为基础的。当然，与施沃布别墅的情况不同，加歇别墅中"现象透明"的界面"并不是真实的存在，它只存在于概念和想象之中"，[1]尽管它们曾经被瑞士学者本哈德·霍伊斯里（Bernhard Hoesli）用清晰的图示展现出来。

从"旧舍"或者"古堡"出发，到逐步接近柯布的拉图雷特，这个路程并不长，但是柯林·罗通过对那位"偶然的造访者"的描述已经使读者在这个以教堂北立面为载体的"界面"前逗留了相当长的时间。然而，要穿越这个"界面"似乎并非易如反掌，因为用柯林·罗的话来说，教堂北面那堵实墙就"像刀刃一样横在上下两条道路之间"，它成了"偶然的造访者"进入"建筑"的一道难以逾越的门槛。而且，即使这道门槛被最终跨越，这位"偶然的造访者"看到了拉图雷特其他几个立面的"庐山真面目"，随之而来的情况似乎更糟，因为他发现：

> 原本期望的正面景观事实上子虚乌有。他开始明白，整个建筑中唯一积极鼓动正面审视的表面恰恰只有教堂的北墙面。应该如此看待这个墙面，这是他始料不及的。

这样一来，原本已经穿越了"界面"的"造访者"又重新回到了教堂的北墙面——一个在"整个建筑中唯一积极鼓动正面审视的表面"。似乎是为了论证这个"唯一性"，柯林·罗着力描述了拉图雷特其他几个立面的非"正面审视"性。他写道：

> 因此，尽管在付出攀登的艰难努力之后，人们还是可以从正面看到建筑的东面和西面等其他立面，但是通常它们都是，而且显然也是符合设计意图地以陡斜的透视压缩呈现在观者的视野之中。因此，虽然观看南立面的视角通常不是那么陡斜，但是很显然，它还是应该从侧向来欣赏。同样，虽然拉图雷特修道院的其他三面都向四周

---

1 柯林·罗和罗伯特·斯拉茨基：《透明性》，第40页。

的景色敞开，但是它们的视觉条件都不是引导人们去注意切实存在的虚空部分，而是强化人们对实体的意识，感知竖向元素的快速韵律，或者反复出现的阳台，而不是阳台后面的窗户。此外，由于建筑外观上的视觉中心处在很高的位置，同样的实体性，或者说同一种从侧面的透视压缩中形成的视觉围合，又在视线的垂直运动中得到进一步确定。在此，当视线上下移动时，它同样极易被众多的底面以及水平构件之间的细部连接所吸引。

— 04 —

"正面性"（frontality）是柯林·罗学术思想中一个十分重要的概念，它甚至曾经直接出现在本文前面已经提到过的《挑衅性的立面：正面性与对立平衡》（以下称《挑衅性的立面》）一文的题目之中。在范景中先生主编翻译的《艺术词典》中，这个条目被译为"前视性"。根据该词典的解释，它最早是由丹麦学者尤利乌斯·朗厄（Julius Lange）在他 1899 年出版的《造型艺术中人的形态》（*Die menschliche Gestalt in der buildenden Kunst*）一书中提出的，用来描述绘画或雕塑中使用前视图而不是透视图的做法。[2] 换言之，"正面性"（或者说"前视性"）需要"正面审视"，但又不是立面图，毋宁说是包括正面在内的一点透视（或者接近一点透视的正面视域）更合适。

对于罗来说，"正面性"是与建筑立面的"平坦性"联系在一起的。在这种关系中，只有平坦的立面才具有"正面性"，即使这样的立面在很多情况下是处于两点透视的状态。也许，这就是为什么罗往往用传统意义上的 *façade* 而不用现代建筑以来人们惯用的 elevation 来阐述问题，前者强调的是建筑立面的平坦性（或基本平坦的立面），而后者所谓的立面则可能只是理论性的，与立面的平坦与否无关。在这方面，罗在《理想别墅的数学》中着重分析的加歇别墅可谓是一个绝妙案例：它的正立面平坦，或基本平坦，因而具有"正面性"，而面对花园的背立面则因为不平坦而完全不具备柯林·罗意义上的"正面性"，尽

图 1– 加歇别墅正立面
图 2– 蒙德里安绘画

1 | 2

2 同上，第 87 页。

管它同时也可以形成许多"只存在于概念和想象之中"的界面。同样，拉图雷特中"唯一积极鼓动正面审视"的教堂北墙是平坦的，而柯林·罗着力渲染的其他几个立面的"非正面审视性"事实上并不在于人们观察它们时所处的陡峭的视角，而更在于它们的非平坦特征。此外，在柯林·罗那里，*façade* 还是一个专门用于建筑正面的词，而 elevation 则可用于建筑（尤其是柯布建筑）的侧面和背面。这一点在《挑衅性的立面》一文中表现得尤为明显，以平面性为特征的蒙德里安绘画成为罗思考的另一个焦点也就可以理解了。[1]一定程度上，它又与柯林·罗在施沃布别墅、加歇别墅和拉图雷特等柯布建筑的正立面发现的平坦性特征相吻合。

当然，随着柯布不同时期的发展，拉绍德封、加歇和拉图雷特的建筑处理这一平坦性"界面"的具体手段上还是有不小的差异的。施沃布别墅和加歇别墅都曾在不同情况下作为具有古典比例的典范公之于众，但是前者在平面布局和建筑形式语言上都过于"陈旧"而最终被排除在《作品全集》之外，而后者则以精炼优雅的造型成为柯布"机械美学"别墅作品最重要的代表作之一。相比之下，拉图雷特的情况又是怎样的呢？柯林·罗比较了拉图雷特与施沃布别墅在"正面性"处理上的同异：

> 恰如拉绍德封的空白墙面不仅使意义和价值动摇不定，而且在立面上不断变换积极和消极的角色，拉图雷特教堂的北墙一方面被赋予高度具象的内容，另一方面又不断试图脱离这一内容，它在吸引眼球的同时将人们的注意力引向一个更大的视觉领域，而北墙面则是这个视觉领域的首要部分。

但是，差异同样不容忽视：

> 在拉绍德封，模糊性的基本结构相对简单，或者说这一结构只限于一个面，它导致的不定性基本上也只涉及立面问题，而在拉图雷特，我们面对的是一个更加令人难以捉摸的状况。

让我们来看一下这个"更加令人难以捉摸的状况"究竟是怎样的。按照柯林·罗自己的阐述，这种状况涉及两方面的问题，一个是"深度阅读"，另一个则是由"深度阅读"引发的一种矛盾的建筑状态："该建筑在趋于围绕一个想象的中轴旋转"的同时，又"趋于保持一种极其稳定的状态"。我们需要逐一讨论这两个问题。首先是"深度阅读"（readings of depth）。可以说，这个问题在《手法主义与现代建筑》对施沃布别墅的论述中还没有出现，而《透明性》则是从对立体主义绘画的分析出

---

1 Colin Rowe,"The Provocative Façade: Frontality and Contrapposto,"p.193 and p.171.

发，进而发展为所谓"现象透明"的问题。在《拉图雷特》中，柯林·罗展开问题的方式有所不同。其实，在上面两段文字之前，罗已经再次提醒我们注意柯布在《走向一种建筑》中的观点，不过这一次不是柯布对雅典卫城与自然景观的关系的赞赏，而是希腊人在雅典卫城"使用了最深奥的视觉矫正法，使他们的建筑轮廓符合视觉法则，完美无缺"的一句论断。罗写道：

> 我们被告知，希腊人在雅典卫城"使用了最深奥的视觉矫正法，使他们的建筑轮廓符合视觉法则，完美无缺"。尽管我们根本不是在雅典卫城，但是倘若在此能够耐下心来，对教堂的北墙进行重新审视，那么就可以发现某些预兆，它们就像人们随后即将获得的几种体验的预演一般。

通常，说到古希腊建筑的视觉矫正法，我们马上想到的就是柱子向内微微倾斜、列柱的间距逐渐减小、角柱稍微加粗、台基和檐口等水平线向上微微拱起，等等，这些都是建筑史教科书传授给我们的知识。但是，柯林·罗在柯布那里发现的"古希腊建筑视觉矫正法"却是另一番风景，它紧紧抓住柯布为阐述雅典卫城的"有序布局"而援引的19世纪法国建筑史学家奥古斯特·舒瓦齐（Auguste Choisy）《建筑史》（*L'histoire d'architecture*）中的一幅透视图展开思辨。

为此，柯林·罗再次使用两个绘画艺术的概念。一个是"压缩性的正面透视"（foreshortened frontal perspective），另一个是"正交线"（orthogonal）。此前，"压缩透视"已经在"拉图雷特"中出现两次，一次是在正文开始之前荷塞·奥尔特加·伊·加赛特的引文中，另一次则是在柯林·罗说明拉图雷特其他三面与北立面的"正面审视性"之差异的一段文字中。但是，现在罗将"压缩透视"与"正面审视"合而为一，形成"压缩性的正面透视"之说。根据《艺术词典》的解释，"压缩透视"是绘画艺术中"用缩减所画对象尺寸的透视法手段来描绘与画面（picture plane）呈一定角度的对象的方法"。[2] 由此形成的画面会导致某种比例失真，但是由于观者通常会根据自己的常识纠正失真的比例，所以这种手法反而会在一定程度上根据画面的要求在削弱近景的同时突出远景。在这方面，绘画史上最为著名的例子可

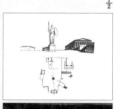

图1- 舒瓦齐：雅典卫城平面及透视
图2- 曼特尼亚：《安息的基督》

能要算意大利文艺复兴时期的画家安德烈亚·曼特尼亚（Andrea Mantegna）的作品《安息的基督》（*Dead Christ*）。同样，"正交线"的概念此前也曾在柯林·罗阐述拉图雷特教堂与地形关系时出现过，但是直到现在才真正获得透视法的意义。如果我们

---

2 爱德华·露西－史密斯：《艺术词典》，第85页。

再次根据《艺术词典》的解释，在线性透视法中，正交线是"在现实中与画面成直角，但按透视法的法则却看似汇合成灭点的线条"，[1] 那么我们便不难看出，对于柯布援引的雅典卫城透视图来说，这无疑是指帕提农神庙侧面那根向灭点强烈消失的檐线。由于整个神庙光影强烈，而处在近景的雅典娜塑像反而轻描淡写，所以帕提农神庙与雅典娜塑像在整个画面上的效果宛如《安息的基督》上基督的头与脚一样，呈现出一种"压缩透视"的关系。与此同时，由于帕提农神庙的正面完全保持正视的理想状态，所以柯林·罗认为，这样的"压缩透视""提供的是一种经过调整的正侧面视角，而不是完全的侧视状况"，即所谓"压缩性的正面透视"。

如此看来，柯林·罗从柯布的《走向一种建筑》中引出的与其说是古希腊建筑的视觉矫正法，还不如说是柯布自己在阐述雅典卫城时使用的视觉矫正法。在柯林·罗看来，柯布是如此惯于使用这样的"视觉矫正法"，以致于他向来访者展示教堂北墙的方式也几乎如出一辙。

> 如前推论，勒·柯布西耶向来访者展示教堂北墙的方式与他在《走向新建筑》中说明帕提农神庙的方式几乎如出一辙。也就是说，他提出的是一种压缩性的正面透视，既突显了退在后面的帕提农神庙的正交线，又坚定地保持横向视域的首要性。换言之，他提供的是一种经过调整的正侧面视角，而不是完全的侧视状况。在拉图雷特，这种方法可以使来访者认识到修道院西立面的重要性，但同时它又只是建筑主体的从属部分。

这就是柯林·罗所谓的"深度阅读"吗？是，但不是全部。需要记住的是，我们还处在柯林·罗在教堂的北墙面那里构成的一幅"界面"前面，并且正如"偶然的造访者"现在终于明白的，这堵实墙面是"整个建筑中唯一积极鼓动正面审视的表面"。在这里，我们也许可以回到马克·林德对"柯林·罗的画面性置换"的分析来进一步拓展对这个"积极鼓动正面审视的表面"的认识。林德认为，在柯林·罗的学术思想中，有一种将三维建筑转化为二维画面的倾向（这应该就是所谓"画面性置换"的含义）。也正是在这样的意义上，林德将罗与美国著名的现代艺术评论家克莱蒙特·格林伯格（Clement Greenberg）联系起来，尽管诚如林德同时指出的，柯林·罗从未在任何场合提到过格林伯格。[2] 在林德看来，格林伯格《现代主义绘画》（"Modernist Painting"）中将"不可避免的表面平坦性"（the ineluctable flatness of the surface）视为绘画艺术与其他艺术的本质区别，[3] 这在一定程度上揭示了柯林·罗的"画面性置换"的实质。

1 爱德华·露西-史密斯：《艺术词典》，第 146 页。

2 Mark Linder, *Nothing less than Literal: Architecture after Minimalism*, p.30.

3 Ibid, p.31.

格林伯格是对的，画面永远是平坦的。艺术家的工作就是在实际平坦的画面上营造深度——一种实际上并不存在，而只在视觉上存在的虚拟深度。这种深度可以是古典绘画的具象深度，也可以是立体主义绘画的抽象深度。在艺术理论中，后者也被称为一种"浅空间"（shallow space）。在这里，"尽管缺乏真正的透视法，但主体形式却似乎漂浮在画布后面不确定的浅空间区域之中"，[4]因而有别于古典绘画符合透视法的"深空间"（如深远的自然景观或人物场景等）。但是无论哪一种情况，诚如《拉图雷特》伊始援引荷塞·奥尔特加·伊·加赛特所言，"表面仍是平坦的，却具有某种纵深感"。"浅空间"的论述也出现在《透明性》中，它是"现象透明"的一种特质，并导致加歇别墅事实上并非真实存在的多重"界面"的建立。在《拉图雷特》，柯林·罗无意再建立这样的多重界面。现在他的界面只有一个：教堂的北墙面，而且即使在这唯一的界面上，"浅空间"的意识似乎已经不复存在。事实上，如果说作为一种立体主义绘画的概念，"浅空间"是反透视法的话，那么柯林·罗在《拉图雷特》中反复涉及透视法的问题（如"压缩透视"和"正交线"）似乎是在向我们表明，界面的"深度阅读"还有另一种可能。柯林·罗提醒我们注意：

1 | 2

图1- 文艺复兴绘画中的深空间
图2- 立体派绘画中的浅空间

就在勒·柯布西耶这样操作的同时，他也为这堵正面的墙体营造了一种事实上完全不存在的深度。现在应该注意钟亭上那片斜切的墙面了。它的斜线与水平线的关系是如此微妙，以至人眼会本能地进行"矫正"，将它转化为某种依据常识可以理解的东西。这是因为，人眼是如此渴望将它视为一个通常意义上的垂直平面的结束部分，以至人们更愿意在心理上将它理解为某种似乎在透视中后退的元素，而不是物质上恰巧形成的斜线。

拉图雷特钟亭"虚拟的空间深度"

上述文字本身已经足够清楚。在这里，马克·林德所说的"柯林·罗的画面性置换"再次发挥了作用。设想在教堂的北墙面那里形成一个画面，那么在柯林·罗看来，柯布把钟亭的墙面切成斜的，简直就是用画家的方法在实际平坦的画面上营造虚拟的空间深度。当然，要成功地做到这一点，还需要"视觉矫正法"的帮助，从而将钟亭墙体的斜线（错误地）

---

4 爱德华·露西－史密斯：《艺术词典》，第185页。

转化为透视法上的正交线，它消失于某个灭点，表达着"画面"的空间深度。

> 勒·柯布西耶建立的是一个"假直角"，一种活动角尺，不仅可以
> 按照常理产生进深感，而且也可被看作是与倾斜的地面之间的一种
> 偶然契合，引发一种建筑似乎在旋转的幻觉。

由"深度阅读"引发的第二个问题就这样产生了。在前面，柯林·罗将这一问题表述为"两个大致的趋势：一个是该建筑趋于围绕一个想象的中枢旋转，另一个是该建筑同时又趋于保持一种极其稳定的状态"。如果不是"深度阅读"，我们也许很难理解这两个趋势中的前一个究竟从何而来。现在我们多少有些明白了：之所以存在"旋转"之说，是因为作为"正交线"，钟亭上的这根斜线事实上很难与拉图雷特修道院西立面上的正交线交汇于共同的灭点。这就意味着在两点透视之外似乎还有一个灭点同时存在，似乎建筑在旋转，而那个"中枢"确实就只能想象了。就此而言，柯林·罗或多或少还是在按照"透明性"的逻辑思考问题，或者说他对拉图雷特教堂北墙面的"深度阅读"依然没有脱离立体主义绘画"浅空间"及其特质的纠缠。仔细看一下毕加索的《阿莱城姑娘》吧，她不是正在围绕一个想象的中枢旋转吗？至于说上述两个趋势中的第二个，相信我们大家都不难理解：一个四四方方的建筑，结实敦厚，原本就是超级稳定的。

不过在如此这般的"深度阅读"之后，柯林·罗似乎还有一对矛盾需要阐述，而且这个矛盾也与"旋转"有关。在柯林·罗看来，如果说上述绘画式"界面"的"正交线""在表明真正后退的修道院西立面的同时，也引发出一种"旋转的幻觉"的话，那么处在这个"界面"前面的曲线形教堂侧室及其上面三个"东倒西歪的采光炮筒"导致的至少是同样强烈的旋转效果。但是两者的性质完全不同：前者是"画面性"的，其扭转关系是二维的；后者则是"雕塑性"的，其扭转关系是三维的。二者相互冲突，"就好似一个酒瓶开塞钻（指曲线形的教堂侧室和三个'采光炮筒'——本文引者注）

图1- 毕加索：《阿莱城姑娘》
图2、3- 拉图雷特的"采光炮筒"
与"旋转的幻觉"

与一个骚动不安的偏斜的面（指教堂的北墙，其骚动不安则是墙面上颇具'粗野主义'气质的脱模混凝土所致——本文引者注）在相互争锋斗气一样"。

换言之，正如"透明性"对加歇别墅多重"界面"的阐述仍然需要与墙面的具体分析和理解联系起来一样，柯林·罗在《拉图雷特》中也绝没有忘记这个"界面"所处的教堂北墙具有的种种非同一般的特质——在《拉图雷特》开始不久，他就通过那位"偶然的造访者"让我们注意到"谜一样的墙面上斑痕累累，如同岁月的创伤，它是建筑师的刻意之作"，稍后又说"这堵墙体犹如一道巨大的堤坝，在它的背后积蓄着巨大的精神力量。或许，这就是它的象征性所在"，现在又进一步指出，"在堡垒体量与钟亭之间，墙体表面活泼骚动，这是一种微弱但唐突的动感和颤栗，无疑与墙体需要承受的张力有关"。尽管如此，这个墙面在柯林·罗那里归根结底依然是平面性的（或者说平坦的），与突在它前面的雕塑性的教堂侧室及其三个"采光炮筒"既呈现出强烈反差的张力，又形成"模棱两可的交互关系"。在柯林·罗看来，"正是这种模棱两可的交互作用造就了拉图雷特建筑"。

— 05 —

无论"画面性"的教堂北墙，还是"雕塑性"的侧室和"采光炮筒"，都只是柯林·罗对拉图雷特进行的多层面剖析的一个方面。用柯林·罗自己在《挑衅性的立面》中的术语来说，它们都属于"感知的迫切要求"（perceptual imperative）方面的内容，[1] 由此构成的是我们到目前为止看到的《拉图雷特》中最具柯林·罗个人特色的，也是最令人费解的部分。

在《拉图雷特》，这一切似乎都源自柯林·罗所谓的"视觉幻象"（optical illusions），并且在他看来，

> 视觉幻象的本质就是不能一目了然。如若不是这样，它们就毫无价值。要达到这样的效果，它们就必须若有若无。而要证明自己的正当性，它们或许还不能只是"纯粹"的技巧操作。它们呈现的一系列关键问题：如何通过表面揭示深度，如何将深度转换为表面表达

1 Rowe, "The Provocative Façade: Frontality and Contrapposto," p.192.

的工具，如何在一个充满洞口的建筑上表达一种近乎罗马风的厚重感，对这些问题的认识取决于我们是否有一种足以解释视觉假象在一切感知结构中必然发挥作用的理论。

柯林·罗坦言，这样的理论在旨在论述一个建筑作品的短文中根本没有可能进行详细的讨论，但是"事实上我们已经在这个问题上花费了如此多的时间——比如既是正面又是侧面的问题，或者表现为既是虚空但又发挥实体作用的问题，或者是静态与动态之间的多层面互动的问题"。言下之意，现在应该是在另一层面上展开对拉图雷特的讨论的时候了。柯林·罗写道：

> 看来，倘若在尚未进入拉图雷特之前，我们就已经对它的错综复杂的视觉现象作出足够多的论述，那么现在，我们也一定可以用完全相反且彻底概念化的思想准则来看待它。因此，尽管通常了解一个建筑的方式如同在此描述的那样是由外而内的，但是既然构思建筑的方式通常被认为是由内而外的，那么我们现在就应该将注意力撤离这个修道院较为感性的层面，转而考虑其可表述的原理。

对于这些"可表述的原理"，柯林·罗的论述比较简单明了，阅读起来并没有太大的困难。在上述这段话之前，柯林·罗引述了柯布在《创造就是潜心寻求》(*Creation is a Patient Search*)中的一句话："隐藏在表面之后，战斗在内部继续进行"。这里的"内部"可以理解成建筑的室内，但是如前所说，也可以意指柯林·罗在拉图雷特教堂北墙营造的"画面"背后的整个建筑内容。无论如何，柯林·罗终于在全文过半之时开始论述拉图雷特的功能布局了，而在吉迪恩和柯蒂斯等学者的著作中，这样的工作几乎一开始就已经出现。然而即便这样，柯林·罗对具体建筑内容的描述还是只能用轻描淡写来形容。相比之下，他对与"可表述的原理"相关的设计问题似乎更感兴趣。

勒·柯布西耶
《创造就是潜心寻找》英文版封面

首先是拉图雷特四方形围合的建筑布局。如前所述，从吉迪恩到柯蒂斯再到弗兰姆普敦，学者们大都认为这个布局是受历史先例影响的结果，当然还有作为业主的多明我教会的要求。这一切都有据可查，柯林·罗似乎不否定这一点，但是他同时指出：

> 尽管建筑师必须接受某些极其明确的限制，尽管他需要与之接触的

是一个长达七世纪之久的宗教秩序，但也不能就此认定，他面对的
要求已经死板到非采取某种方案不可的地步。

换言之，没有理由认为拉图雷特四方形围合的建筑布局是一个毫无柯布个人化形式
价值取向的结果。在罗看来，人们完全可以设想，如果换了赖特、密斯、阿尔托或
者路易·康，他们一样能够设计出既满足多名我教会要求，又具有完全不同形式特
点的拉图雷特。作为柯布建筑的集大成之作，拉图雷特与早先几年已经建成的朗香
教堂迥然不同。后者是一个独一无二的作品，与柯林·罗所谓的柯布建筑中"可
表述的原理"没有多少直接的关系（事实上，毕生致力于柯布研究的柯林·罗从来
没有对朗香教堂有任何论述），而拉图雷特则被罗视为与柯布早期建筑的风格走向
一脉相承，尽管罗同时承认，一个巨大的例外也出现在拉图雷特之中——我们有理
由相信，这个例外主要指的是曲线形的教堂侧室。就此而言，包括图罗内修道院在
内的历史先例与其说是规定了拉图雷特的布局形式，还不如说是与柯布自己的理想
形式一拍即合。

其次，如同一切建筑一样，拉图雷特这样或多或少建立在先验基础上的推论也要面临
与特定场地条件之间的冲突关系。"据说，该建筑的场地是柯布亲自选定的"，柯林·罗
如是说。确实，吉迪恩在《空间、时间与建筑》中已经告诉我们这一点，而波蒂耶编
著的《勒·柯布西耶：拉图雷特圣玛丽修道院》则将柯布第一次考察基地时勾勒的"里
昂拉图雷特修道院"（*Lyon la Tourette*
Monastère）草图呈现在我们面前。该
草图由三部分组成，从中我们可以依
稀辨认出柯布用法文标注的时间和场
地关系，如在草图最上方的一部分中，
柯布标注了呈方形布局的拉图雷特与
南北方位的关系，旁边写着"西南方
向的暴风骤雨"（*orage du sud ouest*）和"恶
劣的北风"（*nord / vent mauvais*）；中

1 | 2

图1– 勒·柯布西耶：拉图雷特场地考察草图
图2– 坡地上的拉图雷特修道院

间的草图除了有"1953年5月4日下午4点"（*4 heures / 4 mai 53*）的标注之外，还描
绘和记录了建筑周围的景色、地形和植被关系，如草图的左下角，标注的字样分别是
"森林"（*forêt*）、"这儿是田园"（*ici champ*）、"位于朝着西南方向的坡地上"（*en
pente oriente sud ouest*），而在右上角，则是"北面/美丽的景色"（*Nord / belle vue au*）等，
此外柯布还明确标注了"城堡"（*le château*，应该就是柯林·罗所谓的 *old château*）的
位置，在它的前面是一棵巨大的红杉树（*Sequoya*）；草图最下方表述的是有关建筑的

构思以及与基地的关系，它用一根斜线表示地形的坡度，旁边写着"外部的坡地"（*la rampe extérieure*），注有"独立支柱架空层"（*les pilotis*）的建筑上方是"漫步／屋顶花园"（*la promenade / toit jardin*）。

这是一张信息量非常丰富的草图，它表明柯布从一开始似乎就已经确定了四方形的建筑格局，而且对基地和环境的条件极为敏感。在后面这一点上，柯布对建筑场地位置的选择简直可以与他在《走向一种建筑》中通过雅典卫城赞美的希腊人对自然景观的关注相媲美。但是柯林·罗强调指出：

> 倘若壮美的景色可以作为这一选择的依据，那么也未尝不可以认为，
> 选择这一特殊地形的理由正是由于它内在的棘手之处。因为在拉图
> 雷特，场地就是一切，又似乎什么都不是。它有一个陡峭的斜坡和
> 一个十分突然的落差。无论怎样看，它都不是那种符合多明我会既
> 有惯例的场地条件。相反，建筑与场地构成清晰而又分离的体验，
> 就如一场辩论的对手，在不断的相互冲突中澄清各自的意义。

在此，为进一步陈述拉图雷特在处理普遍与特殊、原型与个案、建筑与地形的关系时所体现的"可表述的原理"，柯林·罗引出了他所谓的"辩证的"（dialectical）观点，正是这种"辩证的法则"（the laws of dialectic）曾经被柯林·罗视为柯布有别于其他几位"现代建筑大师"的最重要的观念之一。[1]

柯林·罗也是从这种立场来阐述柯布在拉图雷特设计中与业主的关系的。在波蒂耶编著的《勒·柯布西耶：拉图雷特圣玛丽修道院》中，这个关系曾经是一个章节的内容。它清晰地告诉我们，作为业主的库丢里耶神父在致力于宗教艺术的复兴的过程中，是出于什么样的考虑委托柯布进行拉图雷特修道院设计的。用库丢里耶神父自己的话来说："假如基督教艺术可以由那些天才兼信徒的人来复兴，当然是最理想的。不过，如果这样的人不存在，我们相信，在当前的条件下，委托那些没有信仰的天才来带动这次文艺复兴和复苏，要比委托那些没有天分的信徒来做这项工作要保险得多。"[2] 显然，在库丢里耶神父看来，柯布（一个坚定的无神论者）正是这样一位"没有信仰的天才"，他委托柯布进行拉图雷特的设计也就成为理所当然的事情。与此同时，波蒂耶还讲述了柯布祖先中的"异教徒"背景 —— 一个在 13 世纪由于从属当时作为基督教异端的清洁教派（Cathars）而遭受清洗并被迫移居国外的家族故事。柯布对自己的家族历史非常自豪，这甚至成为他命中注定要走一条拒绝随波逐流、崇尚特立独行之路（也包括他不信宗教）

---

1 Rowe, "The Provocative Façade: Frontality and Contrapposto," p.192.

2 菲利普·波蒂耶：《拉图雷特圣玛丽修道院》，陈欣欣译，北京：中国建筑工业出版社，2006，第 60 页。

的某种解释。更为神奇的是，对于拉图雷特的设计任务最后"花落"柯布这样一个"异教徒"手中，波蒂耶还发现了这样一个历史巧合：多明我会创始人圣多明我（Saint Dominic）曾经奉教皇英诺森三世（Pope Innocent III）之命将天主教信仰带回清洁教派曾经盛行的地区。在波蒂耶看来："历史似乎在七个世纪后轮回，由一位多名我会传教士邀请一名异教徒执行一件忠信之作。"[3] 透过这样的历史背景，我们不难想象，在拉图雷特的设计过程中，柯布与业主乃至整个多明我会的关系实在是相当复杂而又微妙的，它已经远远超越了一般意义上的建筑师与业主的关系。

乍看起来，柯林·罗没有讲述这样的历史背景，这样的讲述也与他一贯的文风不相吻合。柯林·罗阐述的柯布与神父们的关系多少有点像成功的甲乙方关系，或者像中国古人所说的那样，"君子和而不同"，仅此而已。在这里：

> 建筑师的思想状态与业主的默契之处仅在于他们克制的品性，在于双方都颇为反讽地意识到他们之间的共同点和差异。……在拉图雷特，既没有虚张声势，也没有廉价的哗众取宠，结果反倒是，该建筑在积极的意义上否定了妥协。

然而值得注意的是，柯林·罗最终援引柯布1928年日内瓦项目阳台上拳击手与拳击袋的草图，并且将它与"雅各与天使搏斗"（Jacob wrestling with the Angel）的圣经故事联系起来。雅各，又名以色列（Isreal），是以色列人的祖先。所谓"雅各与天使

勒·柯布西耶：住宅阳台上的拳击手

搏斗"，讲的是雅各在返乡的途中，路经博雅渡口，遭遇一人，并与之摔跤。从夜里直到天亮，那人始终没能把雅各摔倒，只能猛击雅各的大腿窝，使其脱臼，并终止搏斗。此人不是普通人，而是天使。他建议雅各改名为以色列，意为"与神角力"。在西方艺术史中，"雅各与天使搏斗"的故事曾经是包括伦勃朗、德拉克拉瓦、高更等在内的众多艺术家在不同层面进行艺术表现的题材。在德拉克拉瓦那里，它甚至成为画家一生在古典主义理想与浪漫主义情怀之间进行精神搏弈的一种象征。

或许，引用"雅各与天使搏斗"的故事已经暗示，即使在柯林·罗看来，柯布在拉图雷特设计中与业主的关系可能也并非"求同存异"那么简单，毋宁说是一个充满博弈的过程更为恰当。这也进一步表明，尽管柯林·罗将柯布视为"最伟大的建筑辩证论者"，尽管柯林·罗将"辩证的"作为阐述拉图雷特乃至全部柯布建筑特点的核心主题，而且这种阐述也曾经得到其他学者的认可，甚至成为弗兰

---

3 同上，第61页。

姆普敦的柯布专著在论述拉图雷特时援引柯林·罗的唯一内容，[1] 但是与柯林·罗一贯的学术作风一致的是，他并没有满足于现成的从哲学领域直接借用的概念，以及对这些概念方便的运用，而总是试图通过其他方式重新阐释这些概念，使之成为有

图1、2- 德拉克拉瓦、高更笔下的雅各与天使的搏斗　　1 | 2

血有肉的形象化十足的，乃至充满文学意味的表达。可以认为，"雅各与天使搏斗"就是柯林·罗对柯布在拉图雷特设计中与业主的"辩证"关系的更为生动的，同时也更具启发性的阐释。

— 06 —

说到现在，尽管柯林·罗对拉图雷特"可表述的原理"的阐述不乏真知灼见，却也没有多少可以称作柯林·罗独具慧眼的观点。对于上述从具有普遍性的建筑原型，到地形在拉图雷特的特殊意义，再到设计者与业主关系的分析，柯林·罗自己认为"是在原因之前讨论结果"，并没有涉及拉图雷特的"直接动因"（the immediate causation of the building）。或者说，这样的"直接动因"即使有所涉及，却没有通过建筑的形式分析充分表述出来。难道不是吗？既然柯布在设计拉图雷特时面对的要求并非"严格和死板到了非采取某种方案不可的地步"，而他却偏偏又在选择四方形围合的总体布局（一个"符合多明我教会理想形式的设定"）的同时，将建筑安置在一个陡坡上面（一个怎么说"都不是那种符合多明我会既有惯例的场地条件"），这究竟有何意图呢？既然是四方形围合的布局，为什么实际上却是三边围合，而作为第四边的教堂则与其余三边脱开，并且采用截然不同的建筑语言？仅仅是功能要求吗？还是另有企图？柯布这样做有着怎样的"直接动因"呢？

在柯林·罗看来，"由于柯布的理念并不太多，也从未将纯粹的试验或者智力游戏混同于思想性，那么更为显著的动因也就不难发现。"在柯布建筑的发展过程中，1914年提出的多米诺住宅结构体系（Maison Dom-ino）无疑是一个里程碑式的事件。史学家告诉我们，柯布提出这一体系的最初目的是为遭受第一次世界大战破坏的弗朗德勒（Flandre）地区寻找一种符合工业化生产的全新的建造方法，而"Dom-ino"这个词本身则由拉丁文 *domus*（房屋）和法语 *innovation*（创新）两个词的词根

1 Frampton, *Le Corbusier*, p.176.

组合而成。此外，它还令人想起多米诺骨牌这种游戏，因为如同在多米诺骨牌中人们可以将不同的部件相互连接起来一样，在建筑中人们也可以将预制成型的部件和单元连接起来，快捷建造外形多样的房屋，甚至可以有住者自己动手完成这样的建造。[2]

工业化建造体系的发展未必如柯布设想的那样，人们自己动手建造似乎也只是柯布的一厢情愿，但是"多米诺住宅"一经提出，它的意义却远远超出了为战后重建寻求一种既快又好的廉价住房的初衷，而成为"新建筑五点"的基础。在柯林·罗的《芝加哥框架》中，它甚至被称为一种现代建筑的偶像。在这里，它已经不仅仅是一种住宅，也不仅仅是一种结构形式，而是"对建筑这一普遍命题的回应"。[3]也正是在这样的意义上，柯林·罗曾经在《手法主义与现代建筑》一文中提出为什么柯布将施沃布别墅排除在《作品全集》之外的原因。事实上，施沃布别墅已经采用了钢筋混凝土框架结构，但未能在建筑语言上将这一结构体系转化为"对建筑这一普遍命题的回应"，因而与《作品全集》应该具备的现代主义的"教化功能"不相吻合。就此而言，将"多米诺住宅"赫然置于卷首的《作品全集》第一卷标志着柯布建筑乃至现代建筑的一个全新的开始。

在《挑衅性的立面》中，"多米诺住宅"对于现代建筑空间的里程碑意义更是与陆吉耶的原始茅屋等同起来："与陆吉耶长老的原始茅屋一样，多米诺住宅似乎是在宣布柱子的首要性以及任何一种非透明围合本质上基本属于多余；然而超越陆吉耶长老的，它似乎是在宣布一种'现代'结构所规定的'不可避免'的空间本质。建筑变成某种类似总会三明治或者那不勒斯薄酥饼的东西，而一旦这些诱人的提示与接踵而至的关于平面和'自由平面'的推演相结合，整个技巧之盒似乎也就昭然若揭了。"[4]

然而，看起来令人诧异的是，在《拉图雷特》中柯林·罗似乎并不打算仅从人们津津乐道的"柯布理念"出发去寻找该建筑的"直接动因"，这甚至也包括罗在其他场合一再谈论的"多米诺住宅"体系。同样被罗拒绝的还包括其他艺术鉴赏式的说辞，比如将拉图雷特修道院独立式的入口处理说成是有点过分日本化的做法（应该指它有些像日本神社入口的"鸟居"之类的），或者将内院中的螺旋楼梯视为效仿中世纪建筑的刻意之作，还有将祈祷室（the oratory）的外观说成是一个勒杜式的狂想（Ledolcian fantasy），等等。

与上述这些"学术话语中的思辨"（the quodlibets of the scholastic discourse）不同，

2 让·让热：《勒·柯布西埃：为了感动的建筑》，周嫄译，上海：世纪出版集团，2006，第31–32页。

3 Rowe, "Chicago Frame", *The Mathematics of the Ideal Villa and Other Essays*, p. 107.

4 Rowe, "The Provocative Façade: Frontality and Contrapposto," p.188.

图1- 拉图雷特入口
图2- 拉图雷特旋转楼梯
图3- 拉图雷特祈祷室

柯林·罗一方面提醒我们注意"不同生活楼层支撑的情感色彩的差异",尤其是从食堂和礼堂侧廊开始,到图书馆与祈祷室,再到相对封闭的宿舍单元,光线由亮到暗的变化以及聚集性和私密性的增加;另一方面又重提"空白墙面这个最让人困惑的元素"。用柯林·罗的话来说,正是空白墙面使得百来个"宿舍单元宛如百来个供个体使用的教堂"。我们记得,教堂北侧的空白墙面曾经是柯林·罗在《拉图雷特》的前半部分反复纠缠的对象。现在,与此前在展开"视觉幻象"问题的讨论时采用的步骤一样,柯林·罗还是从引用一段柯布在《走向一种建筑》中的文字着手:

> 场地中的元素像墙一样矗立,体块、层理、材料扮演着自己的角色,
> 如同房间的墙。
> 我们的元素是垂直的墙。
> 古人修建了许多墙,这些墙体向四周延展,变成放大的墙。
> 本质上再无其他的建筑元素了:光线以及光线的反射倾泻在墙和地
> 上。地面其实就是水平的墙。

在柯林·罗看来,这是"柯布对墙的激情"的最好表述,而这里所谓的"墙"又包括两层意思:"垂直的墙"和"水平的墙",或者说地面。首先是柯布对"垂直的墙"的激情。柯林·罗认为:"在柯布那里,垂直的面一直都具有不

图1、2、3、4
拉图雷特的内部与光线

可估量的意义，但是在某种程度上，这种意义又被他自己的矛盾说法削弱了。"借助于前述那段来自《挑衅性的立面》的文字，我们应该可以理解柯林·罗在这里所谓的柯布的"矛盾说法"究竟是什么：一方面，柯布对垂直墙的热情溢于言表，不容置疑；另一方面"多米诺住宅"似乎又在宣布"任何一种非透明围合本质上基本属于多余"，似乎任何一种不透明的围合都会妨碍这一结构体系彻底的建筑表现，其结果就是垂直的墙趋于消失。因此，柯林·罗写道：

> 我们会倾向于认为，多米诺住宅结构的逻辑发展不过是披上一件合身的玻璃外套而已。在这样的外套上面，多米诺结构方案的概念性实在也就理应一目了然。这就是所谓的柱板结构。一切都清晰可见；一切都如同我们在翻阅《详细报告》或早期的《作品全集》时反复看到的图式的变体一样。

柯林·罗这里提及柯布的两本早期著作，其中《详细报告》（*Précisions*）应该指柯布 1930 年发表的《关于建筑与城市现状的详细报告》（*Précisions sur un état present de l'architecture et l'urbanisme*），已有中文版的书名是《精确性——建筑与城市规划状态报告》，中国建筑工业出版社 2009 年出版。至于说《作品全集》，它共有八卷，分别是第一卷 1910-1929，第二卷 1929-1934，第三卷 1934-1938，第四卷 1938-1946，第五卷 1946-1952，第六卷 1952-1957，第七卷 1957-1965，第八卷 1965-1969。如果我们以《详细报告》发表的 1930 年前后为划分"早期"的参照，那么第一和第二卷就是我们需要检查的对象。在这里，我们可以看到柯布全部现代主义的住宅作品，但是却没有柯林·罗所说的全然"披着玻璃外套"的情况。即使采用玻璃，也是符合"新建筑五点"的"横向长窗"，或者是体现"自由立面"精神的局部性的大玻璃窗。倒是某些大型项目中，如第一卷和第二卷上两次出现的"莫斯科中央局大厦"（*Palais du Centrosoyus du Moscou*）以及第二卷中的"巴黎救世军总部大楼"（*La Cité de Refuge*）等，出现了全玻璃立面的设计。这种情况甚至延续到第三卷，如该卷中为"光明城市"（*Ville Radieuse*）设计的住宅楼

1 | 2 | 3

图1- 勒·柯布西耶
《关于建筑与城市现状的详细报告》中文
版封面
图2- 勒·柯布西耶
莫斯科中央局大厦模型
图3- 勒·柯布西耶
光明城市中的笛卡尔摩天楼

以及为"一个当代城市"（*une ville contemporaine*）设计的笛卡尔摩天楼（*Le gratte-ciel cartésien*）等，而从第四卷开始，即使大型项目也放弃了全玻璃墙面，取而代之的是大片遮阳板或者有进深感的格子立面设计。事实上，无论在小型项目还是在大型项目上，柯林·罗所谓的"多米诺住宅结构的逻辑发展"所要求的"玻璃外套"从未成为柯布建筑中压倒一切的主题。在大多数情况下，我们看到的至多是它的变体而已，墙体的重要性从来都没有消失。这正是柯布建筑的精妙之处，也是柯林·罗思辨的精辟之处，他意识到柯布的建筑很少呈现为概念的简单翻版。罗写道：

> 尽管对概念性实在的卓越分析一直是勒·柯布西耶的成就之一，他却很少在建成的作品中将分析当作解决方案予以炫耀。他属于那种为数不多的既重思想又重感性的建筑师。他总能在思想与感性之间维持一种平衡，因此——这也几乎正是他的独到之处——一方面，思想使感性进入某种文明状态；另一方面，文明性又借助于感性才得以实现。这一点不言而喻。因此在勒·柯布西耶那里，概念性的主张从未真正成为设计的充分理由，而总是需要经过感知的过滤才能为设计所用。

有理由认为，柯林·罗概括的"既重思想又重感性""在思想和感性之间维持一种平衡"并非柯布的"独到之处"，而是一切伟大艺术的特点。但是这一点似乎在柯布那里有着特殊意义，那就是绘画艺术在其建筑生涯中发挥的作用。这使我们想起另一位建筑史学家约翰·萨默森（John Summerson）曾经论述的，维奥莱－勒－迪克（Viollet-le-Duc）的理性主义传统和现代绘画构成了现代建筑的基石，它们在柯布那里得到了无与伦比的综合，而综合的灵感和方式更多地来自后者而不是前者。萨默森指出："现代绘画对现代建筑的影响，这一问题远不及作为建筑师的勒·柯布西耶与立体主义和抽象画家有着共同的眼光这一历史事实来得重要。在他的作品中，一种首先由维奥莱－勒－迪克提出，后来经过奥古斯特·佩雷等人诠释的现代风格的智性概念已经不那么重要，而只是简化为一种说辞而已。勒·柯布西耶的作用莫过于对建筑学本身的重新评估。他发现了真实的建筑学元素，这些元素散落于传统上所谓"建筑学"的不真实范畴的外围。他在工程、造船、工业化建造、飞机设计的世界中发现了建筑学。之所以能够将这些元

萨默森：
《天堂的大厦及其他建筑论文集》英文版封面

素放在一起，并且融合为别具一格的建筑，是因为他有自己的个人眼光——这种眼光属于他，也属于毕加索、勃拉克和莱热——这是现代绘画学派的眼光。"[1]换言之，正是借助于现代绘画的眼光，柯布摆脱了单纯概念的桎梏，无论这样的概念是"多米诺住宅""新建筑五点"还是"住宅的四种类型"，最终将建筑转变成一种具有独特魅力的艺术。说它是"现象透明"也好，"辩证大师"也罢，都是柯布在"概念"和"感性"之间游走的不同表现。

就拉图雷特而言，柯林·罗指出它的"所有元素都会涉及两种截然不同的思考结构"。比如："教堂上方斜切的女儿墙可能是出自视觉的考虑"（这是柯林·罗在《拉图雷特》前半部分思辨的主题之一），"但是它也可能，并且完全有可能，是为了形成具有特殊功能意义的体量，以便使该部分在特征上有别于内院的其他三翼"。这一点不难理解，而且与罗此前的思辨相比更容易被人们接受。有趣的是，柯林·罗接下来又引述了柯布《走向一种建筑》中的一句话。柯布在《走向一种建筑》中将平面视为建筑的"生成器"，说它"可以决定一切……一种节制的抽象，一种数量化和漠然的处理"，柯林·罗在注释中指出，这些观点都来自巴黎美院的建筑理论教授朱利安·加代（Julien Guadet），而《挑衅性的立面》更明确指出，柯布的论点实际上是在重复法国学院派建筑的教条，并且除加代之外还提有舒瓦齐，[2]后者的建筑观点及其巨著《建筑史》曾经对柯布产生深刻影响[3]——《走向一种建筑》数度援引舒瓦齐的雅典卫城插图就是明证。尽管如此，"柯布建筑生成的首要动因也完全有可能不仅在于它们的水平面，而且也在于它们的垂直面"。言下之意，柯布并没有停留在学院传统，而是让墙面获得了某种独立的意义。没有什么比柯布用教堂北侧的光墙作为整个拉图雷特修道院的"正面"更能说明这一点的了，它曾经使那位"偶然的造访者""百思不得其解"。

柯林·罗所谓柯布在墙面问题上的"矛盾说法"的第二层含义与"垂直墙"与"水平墙"之间的旋转和倒置有关。乍看起来，柯林·罗之所以提出这样的观点，其直接原因就在于柯布自己的"地面其实就是水平的墙"那句话：

> "地面其实就是水平的墙"，这是一句很是冒犯赖特结构观念的论断。同样，地面可以与墙面互换且作用相同的观点也是密斯式理性主义者无法接受的。但是，即便这句话不是一种定义，而只是一个随意的说辞，我们也完全可以将这样的言论用于解释拉图雷特修道院中最具独创性的教堂设计。因为，倘若地面是水平的墙，那么可

---

1 John Summerson, *Heavenly Mainsions and Other Essays on Architecture* (New York and London: Norton & Company, 1963), p.178 and 192.

2 Rowe, "The Provocative Façade: Frontality and Contrapposto," p.190.

3 关于这一点，见汉诺－沃尔特·克鲁夫特：《建筑理论史——从维特鲁威到现在》，王贵祥译，北京：中国建筑工业出版社，2005，第212页。

以假定，墙就是垂直的地面；并且，一旦立面变成平面，建筑变成一种可以翻转的骰子，那么勒·柯布西耶在处理教堂设计时的胸有成竹就可以得到一定的解释。

— 07 —

旋转问题已经不是第一次在《拉图雷特》中出现。在《拉图雷特》的前半部分，柯林·罗曾经借助于那位"偶然的造访者"告诉我们，从到达的路途上看过去，该建筑的景象"最终意味着一个在双重而非单一基础上的螺旋关系"："一方面，人们看到的是一些准正交线，它们在表明真正后退的修道院西立面的同时，也引发出一种旋转的幻觉"。我们分析过，这样的旋转幻觉是由教堂钟亭斜切的女儿墙形成的假正交线导致的；另一方面，"三个扭曲的、东倒西歪的、看起来甚至痛苦不堪的采光炮筒"产生了"一种相当独立且同样强烈的旋转关系"。由此我们被告知，与前者的画面性不同，这是一种雕塑性的旋转关系。

现在，旋转的问题再次出现，而且在柯林·罗看来，它完全可以"用于解释拉图雷特修道院中最具独创性的教堂设计"；有了它，"柯布在处理教堂设计时的胸有成竹（the complete aplomb）也就可以得到一定的解释了"。更重要的是，这种解释还应该在《拉图雷特》后半部分旨在论述"可表述的原理"的层面是有效的。

在笔者看来，除了前面那些与"视觉幻想"纠缠在一起的段落之外，我们现在面临的这段文字也许是整个《拉图雷特》中最令人费解的部分。不错，柯布那句"地面其实就是水平的墙"的陈述确实可以在一定程度上成为建筑"旋转"说的理由，因为"如果地面是水平的墙，那么，可以假定，墙就是垂直的地面；并且，如果立面变成平面，建筑变成一种可以翻转的骰子"。但是，这究竟能在什么意义上解释拉图雷特教堂设计中的"可表述的原理"呢？

对于这个问题，《挑衅性的立面》再次为我们提供了诸多线索。事实上，作为一篇主题性论文（而非《拉图雷特》那样的作品分析性论文），柯林·罗在该文中有更多的空间对他 1960 年初访拉图雷特以来一直思考的问题进行阐述。在为该文收入《诚如我曾经所言》而写的前言中，柯林·罗将这些问题概括为两方面的：拉图雷特与多米诺住宅、雪铁龙住宅、加歇别墅和萨伏伊别墅的关系，以及建筑的"正面性""平坦性""浅空间"等问题与蒙德里安绘画的关系。但是事实上，《挑衅性的立面》正文完全没有提及蒙德里安。相比之下，拉图雷特与多米诺住宅、雪铁龙住宅、加歇别墅和萨伏伊别墅的关系倒成为整个文章讨论的重点。或许，正是这样的关系可以帮助我们理解柯林·罗意欲在《拉图雷特》中揭示的"可表述的原理"。

如同《拉图雷特》一样，《挑衅性的立面》也是从柯布的《走向一种建筑》中发现线索的。这次，柯林·罗关注的是柯布 20 年代初期从 18 世纪梵蒂冈画家朱塞佩·诺加里（Giuseppe Nogari）的一幅湿壁画上临摹的米开朗基罗圣彼得大教堂的正面局部。值得注意的是，柯布在这个正面局部旁边还加上了该建筑的侧面和平面轮廓。在柯林·罗看来，柯布用如此独特的方式描绘圣彼得大教堂一定有其原因。

首先，柯布草图上圣彼得大教堂的线脚令人想起施沃布别墅。这个建筑主立面上空白镶板以及它与帕拉第奥和祖凯利（Federico Zuccheri）的关系曾经是《手法主义与现代建筑》研究的主要议题。但是柯林·罗现在说，空白镶板的姿态并非那么重要，更为重要的是我们应该把施沃布别墅视为圣彼得大教堂（或者更确切地说是柯布眼中的圣彼得大教堂）的某种翻版。柯布从诺加里那里临摹了该建筑的正面，但是与诺加里不同，他还念念不忘在这个相对平坦的正面之后还有一个完全不同的建筑体量。在柯林·罗看来，这也许就是为什么柯布在正面局部之外又加上该建筑的侧面和平面轮廓的原因。

图 1- 诺加里湿壁画中圣彼得大教堂
图 2- 勒·柯布西耶：圣彼得大教堂速写

按照《挑衅性的立面》的分析，这一点之所以重要是因为它开创了柯布建筑中一条独特的发展路线。在这里，一方面是平坦的正面，但是另一方面，在平坦的正面背后存在着一个或跌宕起伏、或高低错落、或凹凸有致的建筑体量。这条路线从施沃布别墅开始，经由加歇别墅，一直到拉图雷特。当然，正如本文前面已经说过的，在柯布建筑发展的不同时期，正面及其背后体量的具体形式是不一样的，与施沃布别墅展现的古典主义加手法主义的修辞手法不同，加歇别墅是充满机械美学的现代主义形式，而拉图雷特则属于柯布建筑发展的另一阶段，显得十分"粗野主义"，但是它们在正面与背后体量的并置关系上却是一脉相承。

如此具有开创意义的施沃布别墅终究未能在《作品全集》中占有一席之地，它在另一种开创意义上的"多米诺住宅"面前黯然失色。但是，柯林·罗在《挑衅性

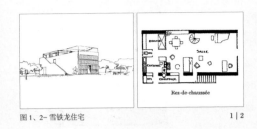

图 1、2- 雪铁龙住宅

1 | 2

的立面》中指出，"多米诺住宅"固然意义无穷，却绝非如《作品全集》试图向人们传达的教化内容那样，是柯布建筑发展的唯一起点。施沃布别墅已经表明这一点，而另一个能够令这一点昭然若揭的则是"雪铁龙住宅"。与"多米诺住宅"一样，"雪铁龙住宅"也是一种普遍陈述（general statement）；但是与"多米诺住宅"强调水平方向的板柱关系不同——这已经是了解现代建筑原理的人们所熟知的，大概也是柯林·罗在"拉图雷特"中称之为"老生常谈"的原因吧——"雪铁龙住宅"提出的是一种横向受到限制，而纵向端头开敞的通道空间（tunnel space）。

在柯林·罗看来，作为柯布建筑中的两个"普遍陈述"式的原型，多米诺住宅和雪铁龙住宅之间也存在某种意义上的扭转：在多米诺住宅中，起限定作用的楼板是水平向的，而到雪铁龙住宅，它摇身一变，成为垂直的限定元素，正所谓"地面其实就是水平的墙"。可以认为，这就是柯林·罗"旋转"说和"骰子"说在"可表述的原理"层面上的基本内涵。只是在《挑衅性的立面》中，包含在"旋转"说和"骰子"之中的不仅是地面与墙的倒置与转换，或者正面与侧面角色的转变与互换，而且还包括多米诺与雪铁龙这两种"普遍陈述"的交融与掺杂，"一种在意义和呈现方面持续不断的扭曲将不可避免地发生"。[1] 为进一步阐述他的"旋转"说和"骰子"说，或者用柯林·罗在《挑衅性的立面》中的论证方式来表达，尽管柯布的"地面其实就是水平的墙"也许不是一句十分严肃的陈述，而且一定不能为赖特、密斯、格罗皮乌斯等现代建筑的大师接受，但是如果我们认真考虑一个建筑可以围绕水平（以及垂直）轴旋转的想法的话，那么就需要更为明确的概念帮助我们进行思考。这个概念被柯林·罗称为"建筑的对立平衡"（architectural contrapposto）。

在范景中先生主编翻译的《艺术词典》中，"对立平衡"乃是西方传统艺术，尤其是雕塑艺术中使人体各部分发生"倾斜而又保持平衡地位于中心垂直轴周围的方式"。这种对立平衡最初是由古希腊雕塑家为避免形象呆板而发展出来的艺术手法，后在 16 世纪手法主义时期达到登峰造极的地步。在这方面，典型的案例应该很多，甚至应该包括巴洛克雕塑家贝尼尼（Lorenzo Bernini）的多数作品，《艺术词典》给出的例子是吉安·达·博洛尼亚（Gian da Bologna）的天文女神塑像。[2]

柯林·罗所谓的"建筑的对立平衡"无疑借鉴了雕塑艺术的"对立平衡"概念。

1 Rowe, "The Provocative Façade: Frontality and Contrapposto," p.192.

2 露西－史密斯：《艺术词典》，第 55 页。

与此同时，他又为之注入自己的解释："可以说，那种人们称之为对立平衡的画面现象和雕塑现象的起源是，首先要求正面性，然后在第二层面上追求斜视的快感。它取决于与一点透视相关的视觉优先，但是作为第二范畴，它又承认所有两点透视能够观察到的转向和旋转的运动，尽管两点透视并不能恰当地判断这些运动。换言之，对立平衡

1 | 2 | 3　图1- 贝尼尼：《阿波罗与达芙妮》
图2-《天文女神》　图3-《奴隶》

的存在意味着一种以画面性或者说雕塑性为条件的持久争斗。体态（the figure）在同一时间内既是静态的又是动态的。首先有一个需要进攻的表面，或者说一个正面性的画面，然后还有一个隐藏在背后的迂回曲折的区域。"[3]

柯林·罗认为，米开朗基罗的《奴隶》塑像展现的就是这样一种体态，而圣彼得大教堂则更能说明"建筑的对立平衡"中正面与背面的关系，因为一旦穿越正面性的画面，来到该建筑的背后，观察者不禁会产生哪个面是正面、哪个面是斜面的疑虑和恍惚，而这样的疑虑和恍惚恰恰是柯布的圣彼得大教堂略图流露的信息，它曾经使柯布"陷入了一种批判性的癫狂之中"（frenzies of critical delirium）。[4]

相较于圣彼得大教堂，柯林·罗研究的那些柯布建筑在尺度上可谓小巫见大巫，但是它们在"扭转"问题上的所作所为完全可以用有过之而无不及来形容。在《挑衅性的立面》中，柯林·罗还注意到一个曾经在《作品全集》第一卷中占据整个页面（79页）的派萨克（Pessac）集群住宅的立面。在罗看来，这个立面承载着许多不同的特质，既是对"透明性"中提到的格里斯（Juan Gris）和莱热（Fernand Léger）式平坦性的主要陈述，又是对"雪铁龙住宅"侧面的某种复制；然而就其呈现方式而言，它又绝非侧面性的，其"正面性"完全可以与加歇别墅"代表性"的正面相媲美。

勒·柯布西耶：派萨克住宅

同样的情况也出现在拉图雷特。它的教堂有着一个"雪铁龙住宅"式的，或者更准确地说是准"雪铁龙住宅"式的体量（因为它的端头也是封闭的而非开敞的），但是它的侧面却如同派萨克住宅一样，俨然成了建筑的正面。换言之，施沃布、派萨克、加歇和拉图雷特宛如一个四重奏的基本素材，它们与"多米诺住宅"和"雪铁龙住宅"互动，充分展现了"（施沃布和加歇的）正面性观念如何经由（派萨克）将侧面转化为正面的努力，最终导致（拉图雷特）一种处心积虑的旋转系统，这个系统有一个正面，却被剥夺了正面的一切特征"。[5]

3 Rowe, "The Provocative Façade: Frontality and Contrapposto," p.192-193.

4 Ibid, p.193.

5 Ibid, p.193 and p.196.

这是一个柯布建筑的不同模式和不同谱系之间连续翻转、盘根错节，却神奇地还能首尾相连的演变过程，很有点像拓扑学中的莫比乌斯环（Möbius strip），甚至令人想起只能在视觉幻想中存在的彭罗塞三角形（Penrose triangle）。从施沃布别墅到加歇别墅再到拉图雷特，柯布建筑的一条发展路线清晰可见，平坦的正面与背后或跌宕起伏、或高低错落、或凹凸有致的建筑体量，或者说隐藏在正面背后的"迂回曲折的区域"同时并存。但是在拉图雷特，由于雪铁龙住宅模式的加入，正面不再是单纯的"面"——尽管柯林·罗曾经在这个面上下足功夫，而是变成一个体量；同样由于雪铁龙住宅模式的加入，这个正面获得了侧面的意义，从而构成了施沃布、派萨克、加歇和拉图雷特的"四重奏"。

在这样的过程中，多米诺住宅的作用何在？与多米诺住宅模式血脉相连的萨伏伊别墅的地位又在哪里？在《挑衅性的立面》中，柯林·罗将一张拉图雷特的鸟瞰照片与一张柯布自己画的萨伏伊别墅鸟瞰透视草图放在一起，向我们展现了两者的相似关系。乍看起来，这种相似关系主要应该体现在它们共同的四方形建筑体量上面。当然，因为是鸟瞰图，所以拉图雷特内院以及内院中高低起伏的通道，与萨伏伊别墅的屋顶平台和坡道也是一个很显著的相似之处。此外，形式上的某些共同点也颇为有趣：横向长窗、架空层支柱，以及远景屋面上的特殊造型（在拉图雷特是教堂钟亭的斜切墙面，而在萨伏伊别墅则是弧形片墙）。但是，在柯林·罗的"莫比乌斯环"中，拉图雷特与萨伏伊的相似性还表现在入口立面的处理上面。值得注意的是，照片和草图的方向其实是不一样的。前者是从西南角度拍摄的，而后者显示的则是一个东北角度的鸟瞰透视，从中可以看到萨伏伊别墅的入口道路以及入口立面（北立面）。柯林·罗指出，这个立面与其他几个立面不同，刻意强调了平坦性（这里有整个建筑中唯一与二层立面平齐的底层立面，而在其他几个立面的底层都是退在后面的，因而有更强的凹凸感和明暗对比效果），有点"拒人于千里之外"的感觉，这与拉图雷特（当然也包括施沃布别墅、加歇别墅甚至派萨克集群住宅）不无异曲同工之妙。在《拉图雷特》中，柯林·罗曾经着力渲染教堂北立面的平坦性，然后又特别强调除教堂之外的修道院生活区域光线的明暗变化便不难理解了。

作为柯林·罗对柯布研究的独特贡献，他似乎成功地将墙与地面的"旋转"和"互换"以柯布建筑中一种"可表述的原理"进行了一番演绎。在拉图雷特，柯林·罗指出，这种"旋转"和"互换"还以萨伏伊式的"格局"（parti）发生，从而巧妙地维护了雪铁龙和多米诺的原型地位。[1] 换言之，拉图雷特与萨伏伊之间不仅有相似性和平行关系，而且还存在着一种涵盖关系。就像雪铁龙住宅的加入将拉

1 Rowe,"The Provocative Façade: Frontality and Contrapposto," p.193 and p.196.

图雷特教堂的"正面"由施沃布和加歇别墅式的面变成体量一样，拉图雷特修道院生活区域的萨伏伊式布局也使隐藏在正面背后的迂回曲折的区域获得了原型的意义，从而形成又一个扭转的"莫比乌斯环"。

图1– 莫比乌斯环
图2– 彭罗塞三角形
图3– 拉图雷特的教堂与
修道院
图4– 勒·柯布西耶
萨伏伊别墅鸟瞰草图

让我们回到《拉图雷特》原文，回到拉图雷特的教堂。在这个教堂的内部，明暗对比被用到极致，但是对于整个拉图雷特修道院而言，它是一个有着雪铁龙住宅体量的正面。在这里，柯林·罗提到晚期哥特教堂的两个案例，一个是剑桥国王学院教堂（King's College Chapel），另一个是墨西哥山谷中的弗朗西斯教堂（Franciscan structure in the Valley of Mexico）。仅以剑桥国王学院教堂为例，它的鸟瞰照片显示，该建筑不仅可以理解成一个哥特式的雪铁龙体量，而且还以侧面对着大草坪，颇似拉图雷特以侧面取代正面的意思。不过，柯林·罗并没有将拉图雷特教堂与这些哥特教堂的先例等同起来。对他来说，谈论拉图雷特教堂与其他柯布建筑的关系也许更有

图1– 剑桥国王学院教堂
图2– 东京西洋美术馆

意义。除了我们已经看到的历时性谱系关系之外，罗还将拉图雷特教堂与柯布差不多同时期设计的东京博物馆（Tokyo Museum）中的"八宝箱"（*Boîte à Miracles*）相联系。从《作品全集》第六卷和第七卷中的资料来看，这个"东京博物馆"项目是一个位于东京上野公园内的群体设计，包括东京国立西洋美术馆（National Museum of Fine Arts of the West）、临时展馆和露天剧院。被柯布称为"八宝箱"的就是这个露天剧院的舞台建筑。整个项目中最终建成的只有东京国立西洋美

术馆，而临时展馆和露天剧院（连同"八宝箱"）都停留在设计阶段，并最终被在东京国立西洋美术馆项目中发挥很大作用的日本建筑师前川国男设计的东京文化会馆所取代。柯林·罗认为，"八宝箱"之所以应该与拉图雷特教堂相提并论，是因为：

> 尽管它的体量不像拉图雷特那样单薄，但是它的屋顶上也有一个斜切的女儿墙，入口也布置在侧面，也有飞机库般的建筑外观。借用文森特·斯卡利的话来说，它是勒·柯布西耶美加仑体量的一种，即用垂直界面限定的通道式空间的一种，它始于雪铁龙住宅此后就在他的作品中与那些得到更多宣传的三明治体量并驾齐驱，后者主要通过水平板面来限定空间。

借用美国建筑史学家斯卡利（Vincent Scully）在《现代建筑：民主的建筑》（*Modern Architecture: The Architecture of Democracy*）一书中的论述，柯林·罗将雪铁龙住宅代表的限制横向延伸，同时将纵向端头开敞的通道式空间原型比喻为"美加仑式"的。根据高履泰和英若聪先生翻译的《建筑图像词典》的解释，这是一种始自迈锡尼时代的古希腊建筑形制，其典型形式是一个具有中央火塘和前廊的矩形房间，通常被认为是多立克神庙的雏形。美加仑建筑三面围合，前端开敞，演变成多立克神庙之后，后部端头也加了类似的开敞形式，尽管内部的墙还是封闭的。雪铁龙住宅其实也是三面围合。与前部端头的落地窗不同，它的后部端头是墙加横向长窗，但是显然因为它的承重体系是两边的侧墙，所以在柯布的平面上，后部端头的墙被刻意弱化了，只表现为横向长窗，因此就成为柯林·罗所说的"通道空间"。"美加仑"与此前柯林·罗用"三明治"或"那不勒斯薄酥饼"来形容多米诺住宅用水平板面限定空间的原型特征形成对应关系，是"对表述的原理"的一种形象化表达。柯林·罗正确地指出，在这两种原型中，拉图雷特教堂和东京博物馆的"八宝箱"更接近"美加仑"而非"三明治"。事实上，这个"八宝箱"比拉图雷特教堂更为"美加仑"，也更为"雪铁龙"，因为它的前端是一个开敞的大洞。

 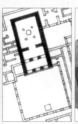  

1 | 2 | 3 | 4

图1-《建筑图像词典》中文版封面
图2-美加仑
图3-勒·柯布西耶
东京西洋美术馆总体模型
右上角为未建成的"八宝箱"和露天剧场
图4-拉图雷特教堂

与此同时，柯林·罗似乎在两者的比较中犯了一个小小的错误，因为他说两者都有一个"斜切的女儿墙"。柯林·罗是根据发表在《作品全集》上的那张鸟瞰草图作出这样的论断的。但是如果仔细看一下该设计的模型照片，我们不难发现，柯林·罗所说的"斜切的女儿墙"原来是一片与"八

1 | 2　　　　　　　　　　　　　　图1- 拉图雷特钟塔与"斜切的女儿墙"
图2- 东京西洋美术馆设计总体草图，右上角为"八宝箱"及端头垂直墙面

宝箱"连接在一起的在端头勾了一下的垂直墙面，而非屋顶上"斜切的女儿墙"。换言之，柯林·罗被草图的鸟瞰角度产生的错觉"蒙骗"了。对于柯林·罗这样的学者来说，如此"粗心大意"的错误委实有些不可思议。也许，罗太急于通过拉图雷特教堂与"八宝箱"的共同之处说明他的理论，以至"不幸走眼"。

好在，柯林·罗曾经在《挑衅性的立面》中对这个问题做出较为系统的论述，从而也为我们的《拉图雷特》阅读提供了很大的帮助。但是，此刻的柯林·罗提醒我们：

> 如同一切过于简单的分类一样，上述区分一旦僵化，很容易变得荒唐可笑。但是这种分类的奇特之处就在于，它并非乍看起来的那么易如反掌。因为，当再次面对加歇别墅这样的建筑时，我们不禁心存疑虑：它是一个三明治吗？还是一个美加仑？我们感到的是楼板的压力，还是端头墙面的压力？

柯林·罗进一步指出：

> 加歇别墅的混杂状况也许可以为我们观察勒·柯布西耶随后这段时期建立一个大致的平台。美加仑渴望成为三明治（反之亦然），这可以部分地阐明一条从普瓦西到1930年代早期勒·柯布西耶建筑的发展路线。但是，在加歇，还有两个主要立面，即入口立面和花园立面，很难与三明治或美加仑观念联系在一起。就其侧墙而言，它们并没有以合乎逻辑的方式挖掘端头开放的箱体概念。就其楼层关系而言，上述两个立面是在隐藏而不是显现真实的结构组成。通过一系列水平解剖和轻巧的开口，它们的连接方式似乎是在服从结构关系，但是，就整个建筑的形式关系而言，它们只能被视为胡言乱语。

通过柯林·罗在《挑衅性的立面》中的分析，我们已经知道，这种"前后不连贯

的陈述"并非加歇别墅独有，而是柯布建筑中一条从施沃布别墅到拉图雷特的发展路线。在柯林·罗看来，柯布建筑之所以会呈现这样 的发展路线是有其原因的：

> 如同许多柯布元素一样，它们服从的是视觉的而非作品的要求，或者说是感知主体的而非被知客体的要求，它们是刺激感知的兴奋剂。困境在于，它们是视觉性的，而它们存在的逻辑之本在于其立体效果。它们塑造形象。它们是表象，眼睛需要透过这层表象度量它背后厚重的体量；它们是记录和刻画三维实体的两维面层，是人们在其上展开深度解读的界面。

这就是整个《拉图雷特》煞费苦心在教堂北墙营造界面，借助"偶然的造访者"展开一系列"视觉幻想"游戏的理论基础吧。当然，柯林·罗也认识到，作为柯布晚期建筑的代表之作，拉图雷特与加歇别墅等早期作品并不完全相同。

> 在表面上表现深度，将空间性赋予平面，或者把曲面和平面的对立玩到极致，尽管这些都是勒·柯布西耶晚期风格的显著特征，拉图雷特却并不具有加歇别墅的思辨性。它有辩证的对立，这个多明我会的修道院还是与唯智主义建筑相去甚远。但是倘若它和加歇别墅一样呈现为单一的体块，那么与加歇别墅不同的是，就其平面而言，它给人的第一印象是其教堂部分完全有悖整体的逻辑连贯。

为说明上述最后一点，柯林·罗特别提醒我们注意整个拉图雷特的平面关系。它显示，所谓拉图雷特教堂"完全不符合逻辑的连贯性"并非指该教堂本身，而是教堂与整个拉图雷特修道院生活区属于完全不同乃至相互冲突的建筑、空间和结构模式。用柯林·罗形象化的术语来说，前者是"雪铁龙"的或者"美加仑"的，后者是"多米诺"的、"萨伏伊"的或者"三明治"的。这就是柯林·罗对拉图雷特"可表述的原理"的分析和概括，也为我们理解柯布建筑的发展理出了清晰的线索。对于建筑的逻辑连贯性，人们通常会有这样或那样的"清规戒律"，但是它们对于柯布来说只能是有待超越的桎梏罢了。柯林·罗最后总结道：

> 在拉图雷特，这些清规戒律——人们或许认为它们就是勒·柯布西耶本人谆谆教诲的和人们理应遵守的操作准则——被有意识地超越了，而且这种超越的思辨方式是如此隐秘，以至铸就了一种全新的体验领域。通过将一个东京项目中曾经出现的美加仑类型，也就是

拉图雷特的教堂部分，与一个普瓦西式的三明治，也就是拉图雷特的居住部分，紧密并置在一起，通过将两个完全不相干的元素挤压在同一个整体中，并打破概念的统一性，同时操控各种空间效果的可能性出现了。换言之，通过将两种通常被认为风马牛不相及的主题结合在一起，勒·柯布西耶成功唤起了张扬与压抑、开放与密实、扭曲与稳定的双重感受。并且，在这样做的时候，他成功保证了一种如此强烈的视觉冲击，以至参观者只有在细细的回味之中才能领悟他所经历的这种非常体验。

拉图雷特修道院

后记　　　03

《拉图雷特》全文就在这样的阐述之中结束了。细细回味起来，这个最后阐述似乎不仅是对柯布拉图雷特的总结，而且也是柯林·罗自己的《拉图雷特》的真实写照。如同柯布的拉图雷特一样，罗的《拉图雷特》也跨越了完全不同的主题，并且将它们完美地结合在一起，从而"成功地唤起了张扬与压抑、开敞与紧密、扭曲与稳定的双重感受"。作为文字作品，它无法像柯布的建筑那样形成直接的视觉冲击，但是它对建筑的视觉和形式问题的理论驾驭，以及将理论问题完全融合在具体建筑分析之中的能力是如此精妙，其构思的起承转合是如此藏而不露，给读者的智性挑战是如此强烈，以至读者也"只有在细细的回味中才能领悟他所经历的这种非常体验"了。

一方面，柯林·罗从"偶然的造访者"与拉图雷特教堂北墙的视觉和心理碰撞开始，挖掘拉图雷特与雅典卫城的内在关系，将"正面性""平坦性""浅空间""旋转"等问题寄寓在"造访者"的视觉和心理感受之中，阐述现代绘画与现代建筑的关系；另一方面，他又力求在概念的层面（或者用罗自己的话来说"可阐述的原理"的层面）梳理柯布建筑发展的脉络，并且在这方面展示了卓越的形式解读和洞察能力。值得指出的是，即使在后一个方面，柯林·罗也与他赞许的柯布一样，从未将概念问题演变成僵化的教条。他强调指出的是：

> 尽管对概念性实在的卓越分析一直是勒·柯布西耶的成就之一，他却很少在建成的作品中将分析当作解决方案予以炫耀。他属于那种为数不多的既重思想又重感性的建筑师。他总能在思想与感性之间维持一种平衡，……一方面，思想使感性进入某种文明状态；另一方面，文明性又借助于感性才得以实现。这一点不言而喻，因此在勒·柯布西耶那里，概念性的主张从未真正成为设计的充分理由，而总是需要经过感知的过滤才能为设计所用。

柯林·罗努力维护和阐明柯布及其建筑的复杂性乃至矛盾性。他甚至对自己提出的柯布建筑的"三明治"和"美加仑"两种"可阐述的原理"也抱着同样的态度。我们也许可以再次回顾一下这样的精彩论述："如同一切过于简单的分类一样，上述区分一旦僵化，就会很容易变得滑稽可笑；这种分类的奇特之处就在于它并非乍看起来的那么容易进行。因为，当我们再次面对加歇别墅这样的建筑时，我们不禁心存疑虑：它是一个三明治吗？还是一个美加仑？我们感到的是楼板的压力，还是端头墙面的压力？"柯布的思想和建筑是情感和智性兼而有之，复杂而又充满矛盾，柯林·罗的思想和学术何尝不是如此？

也许，这就是阿德里安·福蒂将"视觉经验"与"思维概念"之间的互动视为柯林·罗建筑思想和写作特点的原因。但是很显然，这样的互动中最为基本的还是前者而非后者。就此而言，罗思想方式中来自沃尔夫林（Heinrich Wölfflin）的影响或许比他曾经的硕士论文导师维特科尔（Rudolf Wittkower）的影响更为巨大，尽管后者更为学界（特别是国内建筑学界）津津乐道。关于沃尔夫林的重要意义，罗自己曾经在 1973 年为《理想别墅的数学》一文所写的《补遗》中有过明确的表述。一方面，罗坦言"从粗略的立论开始，然后区分差异，再根据特殊的分析（或者说风格）策略的逻辑性（或者说强制性），寻求对相同的总母题进行调整"，这种由沃尔夫林开创的批评方法有它明显的不足之处，但是另一方面他又强调指出，建立在比较基础之上的"沃尔夫林式艺术批评（虽然它令人沮丧地属于 19 世纪末 20 世纪初的时代）的价值仍在于让我们首先学会使用我们的眼睛，尽量避免装腔作势，卖弄思想，在视觉问题之外夸夸其谈"。[1]

---

1 Rowe, "The Mathematics of the Ideal Villa," p.16.

但是，值得注意的是，罗在继承沃尔夫林形式主义方法的同时，在一些涉及史学基本观点的问题上与沃尔夫林保持着相当的距离。受黑格尔主义的影响，沃尔夫林强调"时代精神"和"民族性"更甚于艺术家个体。他虽然认为"的确是艺术家个人创造了艺术作品，但相对而言，他几乎不关心艺术家的个性、天赋或性情"。他甚至还曾经主张可以建立一种"无名氏的艺术史"。[2] 这些曾经深深影响了曾经在沃尔夫林辅导下完成博士论文的吉迪恩为代表的现代建筑的史学家们，却是柯林·罗一贯反对和批判的。发"时代精神"的立场不仅反映在柯林·罗对"纽约五"的《引言》中，以及对文丘里《建筑的复杂性与矛盾性》的基本理解之中[3]，甚至也反映在柯林·罗对 16 世纪意大利建筑的研究之中。柯林·罗及其合作者曾经如此表述这一研究的基本动因："本书源自对大多数 16 世纪建筑学术研究的不满，而这种不满的基本动因则在于那些无处不在的时代精神和其他类型的历史决定论。"[4]

柯林·罗《16 世纪的意大利建筑》英文版封面

罗不仅对"时代精神"的历史观持批评的态度，其治学方法也与史学家们热衷的"宏大叙事"相去甚远。在现代建筑史学的发展进程中，某种形式的现代建筑通史几乎成为所有 20 世纪重要学者的试金石。吉迪恩、佩夫斯纳、班纳姆、塔夫里、赛维、贝纳沃洛、希区柯克、斯卡利、柯尔孔、柯蒂斯、弗兰姆普敦，无一不以其现代建筑通史著称。相比之下，柯林·罗只能算写些小文章的文人了。他的研究很少涉及辉煌的时代格局和历史走向，也鲜有神圣的道德使命和社会责任的高调。相反，他往往从小处着手，或是一个建筑细部（如施沃布别墅的空白镶板），或是一段引言（如柯布在《走向一种建筑》中的某句话），或是某两个建筑或者人物的比较（如柯布与帕拉第奥、加歇别墅与马尔孔坦达别墅），或是并不十分引人注目但非常特定的问题（如吉迪恩对"透明性"的阐述），展开有节制的然而有时也是放荡不羁的思辨和遐想，从中引发令人深思的问题。

毫无疑问，在几十年的学术生涯中，柯林·罗并没有给我们提供庞大的思想体系和理论构架。相反，他拒绝正颜厉色的理论说教和建筑的道德规范。对于建筑的社会意义和责任，他也只是从自由主义的立场出发，反对建筑的乌托邦主义和思想单元化。就此而言，人们或许会对柯林·罗的写作语言有不堪卒读之感，却不会在他那里遭遇建筑学不可承受之重，无论其表现形式是时代的、历史的、民族的还是道德意义的。

在后面这些方面，作为本文阅读对象的《拉图雷特》同样十分具有代表性。和《透

---

2 温尼·海德·米奈，《艺术史的历史》，李建群等译，上海：世纪出版集团，2007，第 152 页。据米奈说，沃尔夫林是在《艺术史原理》德文出版中提出这一观点的。但是由于这一观点遭受广泛的批评，沃尔夫林决定在后来的版本中不再提及无名的艺术史。

3 参见本文集《〈理想别墅的数学及其他论文〉中文版导读》以及《柯林·罗论文丘里的耶鲁大学数学楼设计竞赛方案》。

4 Colin Rowe & Leon Satkowski, *Italian Architecture of the 16th Century* (New York: Princeton Architectural Press, 2002), p.XVII.

明性》一样，它放弃了建筑的"宏大叙事"，转而将建筑与绘画结合起来，其核心概念就是"如画"，不过不是《特征与组合——或论19世纪建筑词汇的某些演变》中使用的具有风景园林内涵的"如画"（picturesque），而是《手法主义与现代建筑》中与picturesque同时使用的更有绘画意义的"如画方法"（pictorial approach），以至于在《透明性》和《拉图雷特》中直接转化为对建筑的"画面"（picture plane）解读。一定程度上，"如画"观念也与柯林·罗对整个现代建筑发展的认识密切相关。诚如《手法主义与现代建筑》所言，尽管有现代运动中种种否定的言辞（有时还是激烈的否定言辞），真正伴随现代建筑发展的并非对"如画"（pictorial）观念的抵制和否定，而是另一种"如画"观念的兴起，这就是现代艺术。首先是新艺术运动和表现主义，然后是风格派、至上主义和立体主义。它们的如画理念与建筑的古典传统交织在一起，以各种方式影响着现代主义建筑师的设计。

现代艺术从具象逐步走向抽象。但是在柯林·罗看来，现代艺术的抽象与文艺复兴时期的抽象迥然不同。"在文艺复兴艺术中，抽象依据的是理想形式的世界，它把艺术家的信仰等同于客观真理，用它来代表宇宙的科学运转。现代艺术的抽象依据的则是个人化的感觉世界，归根结底，它代表的仅仅是艺术家心智的个体运作。"[1] 前者注重普遍价值，后者则更强调个体感觉，这多少受到浪漫主义的影响。

"对感觉问题若即若离，这既是现代作品的特征，也是16世纪某些作品的特征；在这一点上，绘画与建筑不无相似之处。这里，人们也许会认识到勒·柯布西耶对世纪之交思想氛围的反应是多么典型。"[2] 一方面，柯布试图以抽象的方式肯定精神秩序，这使他很快与世纪之交盛行的理性化感知理论分道扬镳；然而另一方面，"如果在反复研读《走向新建筑》之后，人们能够摆脱其煽动性修辞的话，那么一个根本性的窘境就会清晰地呈现出来。这个窘境就在于对感性的暧昧态度"。[3]

从《理想别墅的数学》到《手法主义与现代建筑》，从《透明性》到《拉图雷特》，柯林·罗一再使我们看到柯布在感知问题上的"暧昧态度"，而获取和展示这种"暧昧"的手段之一就是将绘画的观念带入建筑——或者用曾经是罗耶鲁大学访学导师的希区柯克（Henry-Russell Hitchcock）的术语来说，"从绘画走向建筑"（painting toward architecture）。[4] 不过与《透明性》参照的全部都是现代绘画的情况不同，《拉图雷特》也包括了现代主义之前的绘画及其"正面性""失去侧面""压缩透视"等观念。然而，在美国艺术评论家罗莎琳德·克劳斯（Rosalind Krauss）看来，正

1 Rowe, "Mannerism and Modern Architecture," pp.40-41.

2 Ibid, p.41.

3 Ibid.

4 Henry-Russell Hitchcock, *Painting Toward Architecture* (New York: Duell, Sloan and Pearce, 1948).

是这一点构成柯林·罗自己建筑研究的"软肋"。克劳斯曾经用"阐释学魅影"（heumeneutic phantom）来形容由柯林·罗开启的绘画式建筑解读。她指出："通过把建筑阅读与绘画阅读等同起来，罗将建筑物的物理真实性——也就是在它们在三维空间中的存在，因而也需要在时间中进行体验的存在——转化为一系列只在于瞬间静态意象体验的画面。"[5] 显然，这也是马克·林德所谓"柯林·罗画面式置换"或者"画面性"的实质所在。

其实，柯林·罗自己也曾在《手法主义与现代建筑》指出："如画方法的不足之处（defect of pictorial approach）在于，它主要关注体块和关系的视觉效果，而常常忽视事物本身及其细部的意义。它一味服从感觉规律的支配，以视觉主义的方式观看事物，却不在乎事物的内在本质，无论这种本质是材料的还是形式的。"[6] 但是他之后的研究仍然一再使用"如画方法"，显然因为对这一方法的认可，以及由此带来的建筑学认知的潜力的期盼。

也许，这一期盼就是艾森曼曾经回忆他 1961 年夏天与柯林·罗一起参观帕拉第奥的蒙塔尼亚纳别墅（Villa Montagnana，又称皮萨尼别墅）之时罗一再说的"讲给我听听，什么是你眼睛看不到而你正在看的！"（'Tell me something about what you are looking at that you cannot see!'）。[7] 由于《理想别墅的数学》展现的柯布加歇别墅与帕拉第奥马尔肯坦达别

帕拉第奥：蒙塔尼亚纳别墅

墅平面的结构相似性，艾森曼此后执着于"深层结构"（deep structure）的研究或许滥觞于此。但是罗自己却试图通过"画面式置换"，寻求建筑中"眼睛看不到而正在看的"内容。事实上，我们不得不说，正是通过"眼睛看不到而正在看的""画面式置换"——同是也是一种"用心观看"的过程[8]，一个柯林·罗版本的"拉图雷特"才能够如此这般地呈现在我们面前，尽管我们也应该清楚地认识到，它终究是柯林·罗诠释下的拉图雷特，无法代替建筑作品本身。

尽管如此，作为《理想别墅的数学及其他论文》翻译过程中的一个"副产品"，本文的目的既非厘清柯林·罗版本的"拉图雷特"与拉图雷特建筑本身之间的差距，也非判断它们之间的吻合度，而是结合柯林·罗思想的发展（甚至包括他的生平和学术背景）对《拉图雷特》进行尽可能充分的解读，以此尝试和实践一种原著精读的治学方式。翻译首先是精读和研究，其次才是把思想从一种文字转化为另一种文字。在此，笔者愿意以本文与国内建筑学界有志于从事国外理论研究和译介的同仁共勉。

5 Rosalind Krauss, "Death of a Hermeutic Phantom: Materialization of the Sign in the Work of Peter Eisenman," *The Light Construction Reader* (New York: The Monacelli Press, 2002), p.160.

6 Rowe, "Mannerism and Modern Architecture," p.38.

7 Peter Eisenman, "Bifurcating Rowe," *Reckoning with Colin Rowe: Ten Architects Take Position*, ed. Emmanuel Petit (London: Routledge, 2015), p.57.

8 也见本文集《〈理想别墅的数学及其他论文〉导读》的相关内容。

最初以"里昂埃沃-索尔·阿尔布雷勒的拉图雷特多明我会修道院"
（Dominican Monastery of La Tourette, Eveux-Sur Arbresle, Lyon）为题
发表于 1961 年的《建筑评论》（*Architectural Review*）杂志。

拉图雷特

A Chinese Translation of
"La Tourette"

> 无论空间还是时间、视觉还是听觉，当深度总是呈现在一个表面上
> 的时候，该表面也就拥有真正的双重属性：一个是我们拥有的物质
> 本身，另一个则是我们在它的虚拟化的第二生命中看到的属性。在
> 后一种情况中，表面仍是平坦的，却具有某种纵深感。这就是我们
> 所谓的压缩透视。压缩透视使视觉深度成为可能，甚至可以导致简
> 单的视觉现象与纯粹的智性行为混淆不清的极端情况。
>
> ——荷塞·奥尔特加·伊·加赛特（José Ortega y Gasset）
> 《关于堂吉诃德的沉思》（*Meditations on Quixote*）

1916 年，勒·柯布西耶在拉绍德封（La Chau-de-Fonds）建成的住宅，其中央被一片实墙面占据。四十年后，他以更加宏伟的尺度再次运用了这一手法。在拉绍德封，实墙面处于立面的中心位置；而在拉图雷特（La Tourette），巨大的实墙面构成教堂的北翼。但是，在这两个案例中，无论施沃布别墅（Villa Schwob），还是拉图雷特修道院，人们在面对这些实墙面的最初一瞬间，并不会觉得它的视觉中心存在什么特别有趣的主题；换言之，尽管这些实墙面吸引人们的眼球，却没有多少令人刮目相看之处。

1920–1921 年间，勒·柯布西耶在《新精神》（*L'Esprit nouveau*）上发表了一系列后来被收录在《走向一种建筑》（*Vers une architecture*）[1]中的文章，那里有最早公之于众的能够表明勒·柯布西耶对雅典卫城情有独钟的佐证：

> 总体布局看起来没有规则，这只能骗住外行人。均衡绝非无足轻重，
> 它依据比雷埃夫斯（Piraeus）到潘泰利克山（Mount Pentelicus）的
> 著名景色而定。这样的总体布局考虑了远眺的效果：轴线沿山谷而
> 行，直角的假象是用一流的舞台技巧设计的……一幅厚实、生动、
> 尖锐有力、高耸一切的景象……场地中的各个元素像墙一样矗立，
> 体块、层理、材料扮演着自己的角色，如同房间的墙面……希腊
> 人在雅典卫城建造神庙，想法只有一个：庙宇处在开阔的景观之中，
> 应该将景观一同纳入组合（composition）。

不必继续引用下去了。在拉图雷特，尽管我们看不到比雷埃夫斯和潘泰利克的景色；尽管呈现在我们面前的是埃斯科里亚尔式的（a species of Escorial）[2]，而非帕提农式的平面类型；尽管一方面作为乡间离舍，另一方面又体现着第二帝国（Second Empire）的建筑意愿，拉图雷特古堡（the old château）[3]与雅典卫城山门

---

1 通常译为《走向新建筑》。——译注

2 位于马德里郊外的皇宫、陵寝和寺院群体，由西班牙国王菲利普二世于 1563—1584 年间建造，平面呈矩形围合形状，长 204 米，宽 162 米。——译注

3 指勒·柯布西耶设计拉图雷特修道院之前已经存在的老建筑，外观为坡顶。观者先到达这里，然后前往柯布的拉图雷特修道院，两者之间有一定距离。——译注

（Propylaea）的作用绝不能相提并论——差异是如此显而易见，以至我们无需再强调这一点——但是仍有一些组织方式，比如前视和四分之三侧视的围合、轴线强化、纵向与横向动感之间的张力，以及特别值得注意的建筑体量与地形体验的交错关系，等等，能够表明拉图雷特修道院的空间机制很有可能从一开始就是对雅典卫城素材的某种十分个人化的解读。

但是，偶然的造访者将无暇关注这些。他已经爬上山丘，穿过一道拱门，到达一个散落着砂砾的庭园，眼前是一个看起来如画似景的缝隙，它位于两个完全分离的建筑之间，仿佛是在不经意间产生的空间效果。左边是一个孟莎式屋顶般的钟亭，上面的钟带有蓝色的塞夫尔瓷器制品（blue Sevres figures）；右面是厨房的后院，边界难以确定。但是这些，他模糊地意识到，都只是视觉景观中十分次要的成分。因为就在正前方，矗立着一部"激动人心的机器"（machine à émouvoir），¹ 卓越非凡，不带任何传统建筑的影子，这才是他前来考察的对象。

暗地里，这位偶然的造访者感到有点沮丧。对于缺少前奏的建筑作品，他已经不会大惊小怪。他感觉自己已能够从容应对没有任何铺垫的建筑体验。他已经相当老到，但是他仍然始料未及，自己会在这里像从头到脚被泼了一盆冷水似的。垂直墙面上的水平切缝幽深绵长，下方的基座 ² 倒是一副悠然自得的样子，上面放着几个东倒西歪的玩意儿；谜一样的墙面上斑痕累累，如同岁月的创伤，它是建筑师的刻意之作。无论如何，与造访者的期待相比，一切都是牛头不对马嘴，不是艰深晦涩，就是索然无味。因此，当三个东倒西歪的玩意儿，也就是所谓的"采光炮筒"（cannons à lumière），看起来就像殉道的残骸万般痛苦地在风雨中飘摇，当光秃秃的总体视觉感受或许与宗教的匿名性相关，并且也还能引起这位造访者的无限遐想之时，此刻的他由于感到处在一个随心所欲的建筑展现之中，所以实在很难赋予自身的体验任何重要的意义。

教堂北侧的墙面令人百思不得其解，很难想象还有更让人琢磨不透的元素了，这一点已经显而易见。但是，倘若造访者可以将它理解为建筑的正面，那么他还会将这一不可思议的视觉屏障理解为一个典型的端头处理。确实，这堵墙体犹如一道巨大的堤坝，在它的背后积蓄着巨大的精神力量。或许，这就是它的象征性所在。但是参观者还知道，它是建筑的一部分，而且他相信，自己正在接近的是一个侧面，而非正面。他因此感到，他正在获得的信息除了有趣之外没有什么重要的地方。在这里，建筑师展现的只是建筑的侧影，而非全貌。相应地，由于他期待转过墙角一定能看到富有表情的面貌，就好比此处的教堂只是一个"茫然的侧影"（en profil perdu）般

的肖像题材，他开始穿越一个想象中的画面，以便捕获该建筑真正的正面性。

某些生动的外形——斜切的女儿墙以及与钟楼对角线的十字交汇——吸引着造访者的眼球并引导他继续向前。但是，倘若参观者顺应建筑的这一引导，沿着山坡或是林中小路开始加快步伐，那么他很可能会发觉，不知何故，建筑物发出的邀请姿态已经烟消云散，并且越是靠近，建筑就越发对他的到来显得冷若冰霜。

这还只是窘境的一面，它的另一面同样值得注意：在行进路径中的某一阶段，建筑彻底丧失了它的重要性。因为，一旦造访者离开古堡的庭院——一个他曾经确信身处其中的围合空间——他便不得不从一个充满安全感的母体走向一个荒芜的场景。逐步映入眼帘的是图尔丁山谷上方荒凉的景象，体验的领域不同了，人们承受的感知也在本质上越发变得浓缩和无情。

这样，原本一直指向教堂立面左侧入口处的视线，现在被猛然引向右边。场地的动向发生了改变，吸引眼球的磁铁不再是那个墙面，现在地平线成了吸引眼球的磁铁。而且，原本作为一种视域背景或者说一种透视截面的墙体，现在变成另一视域的侧屏，变成一根主要的正交线，将人们的视线引向空旷的远方，同时通过衬托前景中的情节，也就是那三个东倒西歪的玩意儿，又在近景和远景之间引发了一种莫名其妙的张力。换言之，随着人们一步步接近教堂，原本看上去无关紧要的场地变成了一个由一系列崛地而起而又无法弥合的豁口组成的撕裂空间。

上述分析可能有点耸人听闻，但是，即便它的强度有些言过其实，却也没有严重歪曲一种出人意料而又令人备受折磨的体验性质。有可能这样认为，甚至有理由这样认为，这个"建筑漫步"（*promenade architecturale*）的最初意图就是要暗示，造访者的地位不幸是多么卑微。墙体冷漠孤傲，参观者可以进入，却不能自作主张。墙体是宗教机构纲领的总结。但是参观者却被置于这样一种境地以至他无法获得体验的连贯性，他需要承受两种截然相反的刺激，他的意识处于分裂的状态。而且，既在建筑中孤立无援，又享受某种建筑的支持。为摆脱这种困境，他渴望着，事实上也不得不——他别无选择——进入这个建筑。

也许，但也不是全无可能，这一切并非该建筑的设计意图之所在。然而，倘若人们偏巧对可能出现的设计意图有所怀疑，或者倘若人们仅凭一时高兴，就先入为主地认为这一不着边际的游戏（the game of hunt-the-symbol）只是文人的胡思乱想，那么就有必要继续对建筑的外部进行观察。这不是一个轻而易举的决定。因为教堂的垂直墙体表面宛如刀刃一样，横在上下两条道路之间。当参观者穿越这道心理屏障，最终看到修道院内部的某些情况，新的发现又产生了。他现在看到，原本期待的正面景观事实上子虚乌有。他开始明白，整个建筑中唯一一积极鼓动正面审视的表面恰恰就是教堂的北墙面。应该如此看待这个墙面，这是他始料不及的。

因此，尽管在付出攀登的艰难努力之后，人们还是可以从正面看到建筑的东面和西面等其他立面，但是通常它们都是，而且显然也是符合设计意图地以陡斜的透视压缩呈现在观者的视野之中。因此，虽然观看南立面的视角通常不是那么陡斜，但是很显然，它还是应该从侧向来欣赏。同样，虽然拉图雷特修道院的其他三面都向四周的景色敞开，但是它们的视觉条件都不是引导人们去注意切实存在的虚空部分，而是强化人们对实体的意识，感知竖向元素的快速韵律，或者反复出现的阳台，而不是阳台后面的窗户。此外，由于建筑外观上的视觉中心处在很高的位置，同样的实体性，或者说同一种从侧面的透视压缩中形成的视觉围合，又在视线的垂直运动中得到进一步确定。在此，当视线上下移动时，它同样极易被众多的底面以及水平构件之间的细部连接所吸引。

再说一遍，物质现实（physical reality）与视觉印象（optical impression）之间的这种精雕细琢的分离可能并非该建筑的设计意图之所在。但是，拉图雷特的形象如此强烈又如此内向，它使接近立面的行为方式如此非同一般，这一现象至少有种暗示，我们面对的是一个十分自觉的决定。在雅典卫城，我们被告知，希腊人"使用了最深奥的视觉矫正法，使他们的建筑轮廓符合视觉法则，完美无缺"。尽管我们根本不是在雅典卫城，但是倘若我们在此能够耐下心来，对教堂的北墙进行重新审视，那么我们也许会发现某些征兆，这些征兆就像人们随后即将获得的几种体验的预演一般。

首先，恰如拉绍德封的空白墙面不仅使意义和价值动摇不定，而且在立面上不断变换积极和消极的角色，拉图雷特教堂的北墙一方面被赋予高度具象的内容，另一方面又不断试图脱离这一内容，它在吸引眼球的同时将人们的注意力引向一个更大的视觉领域，而北墙面则是这个视觉领域的首要部分。但是，在拉绍德封，模糊性的基本结构相对简单，或者说这一结构只限于一个面，它导致的不定性基本上也只涉及立面问题，而在拉图雷特，我们面对的是一个更加令人难以捉摸的状况。这种状况首先涉及对深度的阅读（readings of depth），并且，尽管从中产生的一系列干扰很难有什么准确的普遍意义可言，但是仍可注意到两个大致的趋势：一是该建筑趋于围绕一个想象的中轴旋转（an imaginary central spike），另一个是该建筑同时又趋于保持一种极其稳定的状态。

如前推论，勒·柯布西耶向来访者展示教堂北墙的方式与他在《走向新建筑》（*Towards a New Architrcture*）中说明帕提农神庙的方式几乎如出一辙。也就是说，他提出的是一种压缩性的正面透视（foreshortened frontal perspective），既突显了退在后面的帕提农神庙的正交线，又坚定地保持横向视域的重要性。换言之，他提供的是一种经过调整的正侧面视角，而不是完全的侧视状况。在拉图雷特，这种方法可以使来访者认识到修道院西立面的重要性，但同时它又只是建筑主体的从属部分。

但是，我们不可拘泥于这一点：值得注意的是，就在勒·柯布西耶这样操作的同时，他也为这堵正面的墙体营造了一种事实上完全不存在的深度。现在应该注意钟亭上那片斜切的墙面了。它的斜线与水平线的关系是如此微妙，以至人眼会本能地进行"矫正"，将它转化为某种依据常识可以理解的东西。这是因为，人眼是如此渴望将它视为一个通常意义上的垂直平面的结束部分，以至人们更愿意在心理上将它理解为某种似乎在透视中后退的元素，而不是物质上恰巧形成的斜线。勒·柯布西耶建立的是一个"假直角"（false right angle），一种活动角尺（*fausse équerre*），不仅可以按照常理产生进深感，而且也可被看作是与倾斜的地面之间的一种偶然契合，引发一种建筑似乎在旋转的幻觉。

墙体表面的活泼骚动，微弱但唐突的动感和颤栗，这些无疑都与曲线形的堡垒和钟亭之间的墙体需要承受的张力有关。但是，倘若这种独特的表面变形可以通过堡垒墙体自身的真实曲线予以强化，那么在此应该注意，那三个"采光炮筒"（*cannons à lumière*）如何发挥着一种反向的强化作用。

从到达的路途上看，建筑物的景象最终意味着一个建立在双重而非单一基础上的螺旋关系。一方面，人们看到的是一些准正交线（pseudoorthogonals），它们在表明真正后退的修道院西立面的同时，也引发了一种天旋地转的幻觉。但是另一方面，那三个扭曲的、东倒西歪的、看起来甚至痛苦不堪的采光炮筒——是它们照亮了圣餐礼拜堂（Chapel of the Holy Sacrament）——产生了一种颇为独立且同样强烈的旋转关系。前一种倾向蕴含的关系是画面性的，后一种是雕塑性的。前一个扭转关系是二维的，后一个与之冲突的扭转关系则是三维的。宛如一个酒瓶开塞钻与一个骚动不安的偏斜的界面正在相互争锋斗气，正是这种模棱两可的交互作用铸就了这个建筑。此外，由于在礼拜堂上方旋转的柱状体量如同一切旋转体一样，会有一种旋风般的力量将能量较弱的物质卷入它剧烈的中心，所以三个"采光炮筒"的作用就是与那些能够确保幻觉的元素保持契合，形成一种富有张力的平衡。

现在需要说明的是，视觉幻象的本质就是不能一目了然。如若不是这样，它们就毫无价值。要达到这样的效果，它们就必须若有若无。而要证明自己的正当性，它们或许还不能只是"纯粹"的技巧操作。它们呈现的一系列关键问题：如何在表面中揭示深度，如何将深度转换为表面表达的工具，如何在一个充满洞口的建筑上表达一种近乎罗马风的厚重感，对这些问题的认识取决于我们是否有一种足以解释视觉假象在一切感知结构中必然发挥作用的理论，而这样一种理论的讨论却又无法在此展开。确实，已经花费的如此多的时间仅限于讨论一类问题，比如建筑的正面同时又是侧面，虚空同时又在发挥实体的作用，静态与动态之间的多层面互动。因为在一定意义上，这些现象似乎构成了一个重要的命题，倘若不能解释它，隐藏在建筑表象背后的内容就会完全被曲解。

"隐藏在表面之后，战斗在内部继续进行"，勒·柯布西耶在另一个语境中如是说。现在看来，倘若在尚未进入拉图雷特之前，我们已经对其错综复杂的视觉现象（perceptual intricacies）作出足够多的论述，那么现在，我们也一定可以用完全相反且彻底概念化的思想准则（wholly conceptual criteria）来看待它。因此，尽管通常了解一个建筑的方式如同在此描述的那样是由外而内的，但是既然构思建筑的方式通常被认为是由内而外的，那么我们现在就应该将注意力撤离这个修道院较为感性的层面，转而考虑其可表述的原理（rationale）。

该建筑的功能要求明确。要有一个能偶尔对公众开放的教堂、一百间供教授和学生使用的单人宿舍、一个祈祷室、一个食堂、一个图书馆、一些教室，以及会议室和活动室。还有与宗教礼仪相关的问题需要考虑。但是，尽管建筑师必须接受某些极其明确的限制，尽管他需要与之接触的是一个长达七个世纪之久的宗教秩序，但也不能就此认定，他面对的要求已经死板到非采取某种方案不可的地步。

可以设想一个赖特式的功能安排：一个较大的六角形体量，从中生长出变换多端的较小的六角形露台和廊道。还可以设想一个密斯式的解决方案，或者阿尔托式的、康式的，以及其他一大堆可能想象的情况。但是，如同任何一个时代，任何一位个体的选择余地总是做不到实际可能的那么大。换言之，正如他所处的时代，勒·柯布西耶也有自己的风格（style），也有他情感表达的总体方式、思想的偏向、富有特征的设计手法，等等。所有这些都是柯布存在方式的一部分。就其本质布局（essential distributions）而言（虽然也有一个巨大的例外），勒·柯布西耶的拉图雷特与他此前作品中的风格走向几乎一脉相承。

他提供的是这样一个解决方案：一个有庭院的四边围合；教堂在北侧；单人宿舍在最上面两层，沿东侧、南侧和西侧布置；在它们的下面是图书馆、教室、祈祷室以及主入口；而餐厅、礼堂和主要的交通空间则被安排在更下面一层，毗连教堂，这一切都可以从已经出版的建筑平面图中清楚地看到。而且，如同勒·柯布西耶的所有设计一样，这也是一个高度普遍性与高度特殊性兼而有之的陈述。

可以说，就像任何一位建筑师的任何一座建筑一样，拉图雷特首先是由一个看似合乎逻辑的形式陈述所决定的。很显然，它体现了勒·柯布西耶对简单体量的一贯追求，而且因此有理由认为，归根结底，建立在这一基础上的设计思维的前提其实与经验论证无关。其次，这个修道院建筑似乎是依据范畴而定的，也就是说，它将自己与一系列符合多明我教会（the Dominican establishment）对理想形式的设定联系起来，构想它的抽象性，设想它的价值是超越时间和地点的。最后，这些或多或少建立在先验基础上的推论还面临着与特定的场地条件之间的冲突。

据说，该建筑的场地是勒·柯布西耶亲自选定的。可以设想，其他建筑师也许会作出别的选择。但是，倘若壮美的景色可以作为这一选择的依据，那么也未尝不可以认为，选择这一特殊地形的理由正是由于它内在的棘手之处。因为在拉图雷特，场地就是一切，又似乎什么都不是。它有一个陡峭的斜坡和一个十分突然的落差。无论怎样看，它都不是那种符合多明我会既有惯例的场地条件。相反，建筑与场地构成清晰而又分离的体验，就如一场辩论的对手，在不断的相互冲突中澄清各自的意义。

最为重要的，它们的相互作用是辩证的（dialectical）。因此，教堂被置于建筑的北侧，这从宗教礼仪的角度来看是一个正确的位置，与朝着阳光面的宿舍部分既分又合，看起来俨然就是一个讨论的主题。因此，场所不可避免成为与建筑抗衡的元素。在这里，既有假设的普遍陈述，又有与之相冲突的特殊陈述；既有现实主义的诉求，又有本质主义的回应。既有理想主义的姿态，又有经验主义的否定。但是，倘若这就是一直为我们所熟悉的勒·柯布西耶的设计模式，就是他独特的逻辑思维方式，那么在这个方案中理应也有它如此操作的独特的实用主义理由。因为，说到底，这是一个有关多明我教会修道院的设计。一个最伟大的建筑辩证论者，必须满足无比复杂的辩证要求，据此，它的设计方法才能获得恰如其分的内在维度。

但是，倘若该建筑就是对多明我教会精神的回应，那么这也只能是两种同样严格的态度并行不悖的巧合。它的建筑师从未试图提供一种类似经院思维的建筑造型。建筑师的思想状态与业主的默契之处仅在于他们克制的品性，在于双方都颇为反讽地意识到他们之间的共同点和差异。尤其是在这个案例中，建筑师并无模仿经院思想之意，它呈现的是建筑师和业主双方独立思想的整合，从而在逻辑上排除一切妥协和折衷的观点，该观点认为，妥协和折衷是宗教机构与现代建筑结合时通常会出现的结果。在拉图雷特，既没有虚张声势，也没有廉价的哗众取宠，结果反倒是，该建筑在积极的意义上否定了妥协。与其说它是一个有宿舍区域的教堂，不如说是一个为弘扬禁欲主义精神而设立的带有居住功能的剧院，在它的旁边是一个供精神修炼的练功房。它将 1928 年的日内瓦项目阳台上的拳击手与拳击袋[1] 变成雅各（Jacob）与天使搏斗[2] 的场景。

然而，这是在原因之前讨论结果。将精神修炼演变为体育锻炼也许是拉图雷特较为激动人心的主题之一，但它是一个结果而非动因。现在，除了建筑与场地之间的辩证关系之外，我们至少应该大致关注一下该建筑的直接动因。由于勒·柯布西耶的理念并不太多，也从未将纯粹的试验或者智力游戏混同于思想性，那么相对显著的动因也就不难发现。

著名的多米诺住宅（Maision Dorm-ino）的结构方案，其水平分层的空间概念好似那不勒斯的威化饼干。这一图示的必然结果就是否定结构单元的空间表现，把柱子降格为一种停顿或者休止符，随之而来的隔墙之间错综复杂的穿插又进一步强化离心态势。这几乎就是人们对它的全部认识。现在，这样的说法基本上已经属于陈词滥调，而且正因如此，它似乎并不能解释拉图雷特修道院的居住部分如此这般的设计。

还有一些人们常常津津乐道的元素：一个也许有点过分日本化的入口以及五个与之毗邻的小房间，一个效仿中世纪建筑式样的螺旋楼梯，还有外观上颇具勒杜式狂想（Ledolcian fantacy）的祈祷室。但是这些都属于学者们的思辨（quodlibets），相比之下，反倒是不同生活楼层所支持的情感色彩上的差异更为重要。在不同光线的作用下，变化从光线充沛的食堂和礼堂侧廊开始，到图书馆与祈祷室呈现出来的较为黯淡的色调，再到相对黑暗的、侧面封闭的宿舍

---

1 在苏黎世建筑出版社 [Verlage für Architektur (Artemis) Zürich] 出版的《作品全集》（*Oeuvre complète*）第一卷中，勒·柯布西耶发表了一个未建成的位于日内瓦的出租公寓项目（*Projet d'un immeuble locatif*），其中包含有拳击手击打拳击袋的公寓阳台草图。——译注

2 雅各，《圣经》中的人物，又名以色列（Isreal），是以色列人的祖先。"雅各与天使搏斗"的故事讲得是雅各在返乡的途中，路经博雅渡口，遭遇一人，并与之摔跤。从夜里直到天亮，那人始终没能把雅各摔倒，只能猛击雅各的大腿窝；雅各正在与他搏斗之际，大腿窝突然脱了节，遂终止搏斗。此人不是普通人，而是天使。他建议雅各改名为以色列，意为"与神角力"。——译注

单元。在这样的进程中，聚集性和私密性逐步加强。但是，依此而言，倘若这些每一个都有自己的空白墙面的宿舍单元宛如百来个供个体使用的教堂翻版，那么现在有必要结束我们的漫游，将注意力集中到空白墙面这个最让人困惑的元素上面。

在此，让我们首先关注一下勒·柯布西耶对墙的激情：

> 场地中的元素像墙一样矗立，体块、层理、材料扮演着自己的角色，
> 如同房间的墙。
> 我们的元素是垂直的墙。
> 古人修建了许多墙，这些墙体向四周延展，变成放大的墙。
> 本质上再无其他的建筑元素了：光线以及光线的反射倾泻在墙和地
> 上。地面其实就是水平的墙。

在勒·柯布西耶那里，垂直面一直都有不可估量的意义，但是某种程度上，这种意义又被他自己的矛盾说法弄得有些含糊不清，以至我们会倾向于认为，多米诺住宅结构的逻辑发展不过是披上一件合身的玻璃外套而已。在这样的外套上面，多米诺结构方案的概念性实在（conceptual reality）理应一目了然。这就是所谓的柱板结构。一切都清晰可见；一切都恰如我们在翻阅《详细报告》（Précisions）[3] 或早期的《作品全集》（Oeuvre complète）时反复看到的那个图式的变体一样。

然而，尽管对概念性实在的卓越分析一直是勒·柯布西耶的成就之一，他却很少在建成的作品中将分析当作解决方案予以炫耀。他属于那种为数不多的既重思想又重感性的建筑师。他总能在思想与感性之间保持一种平衡，因此——这也几乎正是他的独到之处——一方面，思想使感性进入某种文明状态；另一方面，文明性又借助于感性才得以实现。这一点不言而喻。因此在勒·柯布西耶那里，概念性的主张从未真正成为设计的充分理由，而总是需要经过感知的过滤才能为设计所用。

这样，在拉图雷特，所有的元素都会涉及两种迥异的思维结构。教堂上方斜切的女儿墙可能出自视觉的考虑，但是它也可能，而且完全有可能，是为了形成具有特殊功能意义的体量，以使该部分在特征上有别于内院的其他三翼。也正因为如此，即使平面可以"决定一切……一种节制的抽象，一种数量化和漠然的处理"，但是勒·柯布西耶建筑生成的首要动因也完全有可能不仅在于它们的水平面，而

3 指勒·柯布西耶 1930 年发表的《关于建筑与城市现状的详细报告》（Précisions sur un état present de l'architecture et l'urbanisme），也见本书《〈理想别墅的数学及其他论文〉中文版导读》一文。——译注

且也在于它们的垂直面。

"地面其实就是水平的墙"，这是一句很是冒犯赖特结构观念的论断。同样，地面可以与墙面互换且作用相同的观点也是密斯式理性主义者无法接受的。但是，即便这句话不是一种定义，而只是一个随意的说辞，我们也完全可以将这样的言论用于解释拉图雷特修道院中最具独创性的教堂设计。因为，倘若地面是水平的墙，那么可以假定，墙就是垂直的地面。并且，一旦立面变成平面，建筑变成可以翻转的骰子，那么勒·柯布西耶在处理教堂设计时的胸有成竹就可以得到一定的解释。

在这个教堂中，明暗对比达到了极致，虚空变为实存，其品质照片根本无法表达。但是，或许作为一种形式，它并不像乍看起来的那样，可以与晚期哥特教堂的原型——比如剑桥的国王学院教堂（King's College Chapel）或者墨西哥山谷中的弗朗西斯教堂（Franciscan structure in the Valley of Mexico）——相关，而应该与勒·柯布西耶西耶自己（差不多同时期）的博物馆旁[1]的"八宝箱"（Box of Miracles）联系在一起。这个"八宝箱"是一个露天剧院的舞台设计，尽管它的体量不像拉图雷特那样单薄，但是它的屋顶上也有一个斜切的女儿墙，[2]入口也布置在侧面，也有飞机库般的建筑外观。借用文森特·斯卡利（Vincent Scully）的话来说，它是勒·柯布西耶美加仑体量（megaron volumes）的一种，即用垂直界面限定的通道式空间（tunnel spaces）的一种，它始于雪铁龙住宅（Maison Citrohan）此后就在他的作品中与那些得到更多宣传的三明治体量（sandwich volumes）并驾齐驱，后者主要通过水平板面来限定空间。

纵观勒·柯布西耶的建筑生涯，美加仑概念与三明治概念一直交错出现，这一点与正在讨论的拉图雷特应该不无关系，但是它并非一篇短小论文就能澄清的问题。在此能够区分的仅在于，普瓦西建筑[3]是三明治式的，而雪铁龙住宅则基本上是美加仑式的，三明治观念强调楼板，而美加仑观念则注重墙面。尽管如同一切过于简单的分类一样，上述区分一旦僵化，很容易变得荒唐可笑。但是这种分类的奇特之处就在于，它并非乍看起来的那么易如反掌。因为，当再次面对加歇别墅这样的建筑时，我们不禁心存疑虑：它是一个三明治吗？还是一个美加仑？我们感到的是楼板的压力，还是端头墙面的压力？

加歇别墅的混杂状况也许可以为我们观察勒·柯布西耶随后这段时期建立一个大致的平台。美加仑渴望成为三明治（反之亦然），这可以部分地阐明一条从普瓦西到1930年代早期勒·柯布西耶建筑的发展路线。但是，在加歇，还有两个主要立面，

1 指勒·柯布西耶 1957-1959 年间在他的日本门徒前川国男等人协助下设计建成的东京国立西洋美术馆建筑群，但是柯林·罗这里特别提及的"八宝箱"剧院以及其他辅助建筑最终没有建成。见勒·柯布西耶《作品全集》第六卷和第七卷。——译注

2 柯林·罗此处的论述是基于《作品全集》第六卷中一张草图，它似乎显示了一个柯林·罗所谓的"斜切的女儿墙"，但是从该卷 173 页上该项目的模型照片看，罗此处的所指其实只是这个露天剧院舞台的一道伸出建筑的墙体的透视变形，而非拉图雷特那个"斜切的女儿墙"。——译注

3 指萨伏伊别墅，它位于普瓦西。——译注

即入口立面和花园立面，很难与三明治或美加仑观念联系在一起。就其侧墙而言，它们并没有以合乎逻辑的方式挖掘端头开放的箱体概念。就其楼层关系而言，上述两个立面是在隐藏而不是显现真实的结构组成。通过一系列水平解剖和轻巧的开口，它们的连接方式似乎是在服从结构关系，但是，就整个建筑的形式关糸而言，它们只能被视为胡言乱语（non sequitur）。

如同许多柯布元素一样，它们服从的是视觉的而非作品的要求，或者说是感知主体的而非被感知客体的要求，它们是刺激感知的兴奋剂。困境在于，它们是视觉性的（optical），而它们存在的逻辑之本在于其立体效果（stereographic）。它们塑造形象。它们是表象，眼睛需要透过这层表象度量其背后的厚重体量；它们是记录和刻画三维实体的两维面层，是人们在其上展开深度解读的界面。

但要，这些都扯远了。因为，在表面上表现深度，将空间性赋予平面，或者把曲面和平面的对立玩到极致，尽管这些都是勒·柯布西耶晚期风格的显著特征，拉图雷特却不具有加歇别墅的思辨性。它有辩证的对立，这个多明我会的修道院还是与唯智主义建筑（intellectualistic building）相去甚远。但是，倘若它和加歇别墅一样呈现为单一的体块，那么与加歇别墅不同的是，就其平面而言，它给人的第一印象是其教堂部分完全有悖整体的逻辑连贯。

人们认为，一个体块在结构上应该是连续的，应该有一致的空间组织，以及均质的空间肌理或者层次。即使意识到它的空洞无物，人们也会在一定程度上将这样的空无一物当作一块石头体块或木头体块的隐喻。只有考虑其本质内容，它才是可以深究的。

或许，人们一直都是这样认为的。但是，在拉图雷特，这些清规戒律——人们或许认为它们就是勒·柯布西耶本人谆谆教诲的和人们理应遵守的准则——被有意识地超越了，而且这种超越的思辨方式是如此隐秘，以至铸就了一种全新的体验领域。通过将一个东京项目中曾经出现的美加仑类型，也就是拉图雷特的教堂部分，与一个普瓦西式的三明治，也就是拉图雷特的居住部分，紧密并置在一起，通过将两个完全不相干的元素挤压在同一个整体之中并打破概念的统一性，同时操控各种空间效果的可能性出现了。换言之，通过将两种通常被认为风马牛不相及的主题结合在一起，勒·柯布西耶成功唤起了张扬与压抑、开放与密实、扭曲与稳定的双重感受。并且，在这样做的时候，他成功保证了一种如此强烈的视觉冲击，以至参观者只有在细细的回味之中才能领悟他所经历的这种非常体验。

柯林·罗论文丘里的耶鲁大学数学楼设计竞赛方案 [1]

Colin Rowe on Robert Venturi's Competition Entry
for the Yale Mathematics Building

柯林·罗素有"20世纪下半叶最为杰出的建筑历史学家、评论家、城市设计学家、理论家、教育家之一"[2]的美誉，但是他真正能够被称为建筑评论的文章似乎并不多。写于1970年的《罗伯特·文丘里与耶鲁大学数学楼设计竞赛》（"Robert Venturi and the Yale Mathematics Building Competition"）应该是这些为数不多的建筑评论中的佼佼者。该文最初发表于1976年秋季的《对立面：一份建筑思想与批评杂志》（Oppositions：A Journal for Ideas and Criticism in Architecture）杂志第6期，后收入柯林·罗自己的文集《诚如我曾经所言》（As I was Saying）第二卷以及由哈佛大学建筑历史理论教授迈克尔·海斯（Michael Hays）主编的《对立面读本》（Oppositions Reader）。

《耶鲁大学数学楼设计竞赛》英文版
封面为文丘里胜出方案效果图

缘由 01

1969年，鉴于耶鲁大学数学系所在的里特·奥利弗纪念楼（Leet Oliver Memorial Hall）使用面积严重不足，校方决定为数学系筹划新楼。在时任耶鲁大学建筑系主任，后以新奥尔良（New Orleans）的意大利广场（Piazza d'Italia）而成为后现代主义代表人物的查尔斯·摩尔（Charles Moore）等人积极鼓动下，校方又决定举办耶鲁大学数学楼设计竞赛。这是一次公开性的设计竞赛，共收到468个合格的竞赛方案，其中五个方案进入第二轮。1970年4月，经过数月的修改，五个入围方案再次进行对决，最终来自罗伯特·文丘里事务所的方案一举胜出。

里特·奥利弗纪念楼

根据美国建筑师协会（A.I.A.）的规定，这类设计竞赛的评委成员必须是七位，其中四位必须由建筑师担任。他们分别是与摩尔一起极力鼓动举行设计竞赛并担任耶鲁规划顾问的爱德华·L.巴恩斯（Edward L. Barnes）、1982年普利兹克奖得主

1 本文根据笔者在同济大学建筑与城市规划学院开设的博士研究生课程"批判性阅读"的有关内容，以及2017年12月16日在同济大学召开的中国建筑学会建筑评论学术委员会成立大会上的发言改写而成。

2 David Grahame Shane, "Colin Rowe, 1920-1999," Journal of Architectural Education, May 2000, p. 191.

图 1、2、3、4- 耶鲁大学数学楼文丘里胜出方案　　　　　　　　　　　　　　　1 | 2 | 3 | 4

凯文·林奇（Kevin Roche）、具有校园建筑设计经验的罗玛尔多·戈哥拉（Romaldo Giurgola）。按照当时耶鲁大学的政治观点，评委中必须要有学生代表。好在作为研究生的约翰·克里斯蒂安森（John Christiansen）入学时已经具有美国建筑师执照，符合美国建筑师协会的要求，所以顺利成为第五位建筑师评委。被列为非建筑师评委的分别是耶鲁大学数学系主任查尔斯·E. 里加特（Charles E. Rickart）、耶鲁大学基建处主任爱德华·邓（Edward Dunn），以及耶鲁大学建筑史教授文森特·斯卡利（Vincent Scully）。

查尔斯·摩尔没有担任评委，但自始至终似乎都是重要的幕后策划者之一。他负责根据数学系的要求起草设计竞赛任务书，并决定评委会成员名单。之后，摩尔又为 1974 年出版的《耶鲁大学数学楼设计竞赛》一书撰写序言和专题文章。根据摩尔的介绍，之所以要举办这次设计竞赛，主要出于这样一个基本考虑：创办于 18 世纪的耶鲁大学校园一度以哥特和乔治风格的建筑为中心区的主要特点，由此形成的校园肌理和格局也在美国大学校园独树一帜；但是，在经历 1950-1960 年代的大规模改造之后，耶鲁大学校园充斥着纪念碑式的现代建筑，其中尤以路易·康、埃罗·沙里宁、菲利普·约翰逊、保罗·鲁道夫、戈登·邦夏（Gordon Bunshaft）等人的作品最为著名，因此有美洲大陆"露天现代建筑博物馆"（open-air museum of modern architecture）之称。

在摩尔看来，独立式的现代建筑已经严重破坏了耶鲁大学校园的结构和肌理。现在，耶鲁大学真正需要的不再是这类纪念碑式的英雄主义建筑，而是能够与既有的校园结构和肌理相融合、具有良好使用功能和合理造价、服务于日常教学和研究活动的"普通"建筑。换言之，现代建筑的发展已经到了这样的时刻，它要求我们思考如何设计一个既伟大又普通、既经济实惠又功能良好的非英雄主义建筑。不过摩尔指出，"非英雄主义建筑"（unheroic buildings）并不等于"非重要建筑"（unimportant buildings）。"一旦将整个校园肌理纳入思考范围，即使（也许尤其是）最低调的建筑也可以是重要的（the most modest buildings are important）。"[1]

1　Charles Moore, "The Scene," *The Yale Mathematics Building Competition: Architecture for a Time of Questioning*, eds. Charles W. Moore and Nicholas Pyle (New Haven and London: Yale University Press, 1974), p.2.

一定意义上，这次设计竞赛确实达到了它的初衷。从《耶鲁大学数学楼设计竞赛》一书中介绍的竞赛方案来看，文丘里的方案不仅出类拔萃，在功能使用的解决方案等方面技高一筹（耶鲁大学数学系主任里加特甚至总结了它在功能使用方面的六大优点），[2] 而且在庄重与低调的姿态之间取得了某种恰当平衡。用文丘里自己在设计说明中的表述来说，它不仅"形象普通"（the image is ordinary），而且"本质普通"（the substance is ordinary），由此创造了"一个可行的机构建筑，致力于强化周围的建筑，而不是让它们相形见绌。……通常的窗户，钢结构上的砖头幕墙，建造上经济实用，便于维护"。[3] 摩尔则将文丘里的获胜方案称为"从使用者角度来说一个'安全'的解决方案，又可能是本次竞赛方案中最为生动有力地打破史学家偶像崇拜的作品（perhaps the most vividly iconoclastic of the entries to the historians）"。[4]

然而，在经历了一场颇有声势的设计竞赛之后，耶鲁大学最终决定放弃建造数学系新楼，转而将里特·奥利弗纪念楼旁边一幢原为"邓汉姆实验室"（Dunham Laboratory）的现有建筑改造成数学系大楼。尽管如此，原本策划中的由耶鲁大学出版社出版的《耶鲁大学数学楼设计竞赛》一书还是在积极推进之中。根据摩尔的《总结》，鉴于设计竞赛评委几乎一致肯定文丘里的方案，"我们邀请柯林·罗发表他的意见"，[5] 以期获得某种批评的观点，推动对相关问题的讨论。这就是罗写作此文的直接缘由。

该文写成之后引发耶鲁部分人士强烈不满。用柯林·罗自己在为该文收入《诚如我曾经所言》第二卷所写的前言中的话来说，"我发现自己卷入荒谬狂热者们主导的学术政治的一切邪恶之中（I found myself involved in all the viciousness of academic politics conducted by absurd fanatics）。我自认为批评是善意的（the criticism, I had thought, was sympathetic）；但是耶鲁的一部分人却不这样看，结果是整个出版计划的流产。"[6]

《耶鲁大学数学楼设计竞赛》最终还是在 1974 年问世，但只有 20 多个竞赛方案出现在书中。更重要的是，它把罗的文章排除在外—— 一个艾森曼称之为"对整个建筑世界的冒犯"（an affront to the architectural world）的举动。[7] 此前的 1971 年 2 月，耶鲁大学出版社曾经邀请艾森曼以读者的角度对《耶鲁大学数学楼设计竞赛》的出版计划提出意见。艾森曼在回复中充分肯定了该书的计划，同时也希望参照《芝加哥论坛报》大楼设计竞赛后的做法，从历史记录的角度收录全部竞赛方案。他指出，如果耶鲁大学出版社希望主要表达文丘里、摩尔、斯卡利、林顿（Lyndon）、

2　C. E. Rickart, "The Problem and the Winning Design," *The Yale Mathematics Building Competition*, p.6.

3　Venturi and Rauch, "The Winning Design," *The Yale Mathematics Building Competition*, p.86.

4　Charles Moore, "The Scene," *The Yale Mathematics Building Competition*, p.viii.

5　Charles Moore, "Conculsion," *Oppositions: A Journal for Ideas and Criticism in Architecture*, No. 6, Fall 1976, p.20.

6　Colin Rowe, "Robert Venturi and the Yale Mathematics Building Competition," *As I Was Saying: Recollections and Miscellaneous Essays*, Vol. 2 (Cambridge, Massachusetts and London: The MIT Press, 1996), p.80.

7　*Oppositions* No.6, Fall 1976, p.1.

斯特恩（Stern）等人的观点，这是一回事。如果目的是做好设计竞赛的历史记录，又将是另一回事。艾森曼还强调，出版物中应该包括不同观点的评论文章，而不是一种观点的文章。或者干脆什么观点都不发表，让读者对设计竞赛作品做出自己的判断。[1]

刊载耶鲁大学数学楼主题文章的《对立面》杂志 1976 年第 6 期封面

艾森曼的意见没有被采纳。他能够做的是在 1976 年秋季问世的《对立面》杂志第 6 期上发表柯林·罗的《罗伯特·文丘里与耶鲁大学数学楼设计竞赛》一文，同时发表的还有摩尔的《总结》，以及斯卡利的《耶鲁大学数学楼：关于场地关系的几点看法》（"The Yale mathematics Building: Some Remarks on Siting"）。后两篇都是一、两页的短文，而罗的文章则长很多，从观念和作品两个层面对文丘里方案以及整个设计竞赛展开评论——更准确地说是批评。

02　柯林·罗文章的主要论点

从《耶鲁大学数学楼设计竞赛》中收录的 20 多个方案来看，文丘里的方案不仅出类拔萃，在功能使用的解决方案方面技高一筹，而且对场地条件和周围建

图1、2、3、4、5、6- 耶鲁大学数学楼设计竞赛部分入围方案　　　　1 | 2 | 3 | 4 | 5 | 6

---

1 Oppositions No.6, Fall 1976. p.1.

筑做出巧妙回应，它的胜出当之无愧。那么，对于这样一个方案，柯林·罗如何进行评论，他如何选择切入点，又如何提出问题和论点，如何对论点进行论证和讨论，最终得出新的结论并达到评论／批评的目的？这些是柯林·罗这篇文章的重要看点。

柯林·罗首先剖析了"普通"的观念，这个观念不仅出现在文丘里自己的方案说明之中，而且一再被摩尔强调。其实，早在耶鲁大学数学楼之前，文丘里就宣称他的建筑来自美国生活中的普通。他与安迪·沃霍尔（Andy Warhol）等波普艺术的关联似乎更强化了这一点。他还主张向拉斯维加斯学习，反对"英雄的和原创的"（heroic and original），崇尚"丑陋的和普通的"（ugly and ordinary）。[2] 尽管耶鲁大学数学楼

安迪·沃霍尔：坎贝尔罐头

设计竞赛之时《向拉斯维加斯学习》（Learning from Las Vegas）还没有问世，但是被斯卡利称为"或许是1923年勒·柯布西耶《走向一种建筑》以来有关建筑发展的最重要的著作"（probably the post important writing on the making of architecture since Le Corbusier's Vers une architecture, of 1923）[3]的《建筑的复杂性与矛盾性》（Complexity and Contradiction in Architecture）已经提出"主街不是挺好吗？"（Is not Main Street almost all right?）[4]的论断。所谓"主街"并非纽约的第五大道之类的"高档"城市区域，而是美国中小城镇常有的一条主要街道，这里充斥着"普通"甚至"丑陋"的建筑，或是邮局、药店，或是餐馆、酒吧。

但是在柯林·罗看来，"普通"只是围绕文丘里的一个光环或者"迷思"（myth）而已。据罗在为该文收入《诚如我曾经所言》第二卷所写的前言中说，他与文丘里夫妇于1969年在罗马相识。他的印象是文丘里夫妇充满魅力，他们的建筑非同一般（more than acceptable）。而且早在1949-1950年间写成的《手法主义与现代建筑》（"Mannerism and Modern Architecture"）中，他已经表达了与《建筑的复杂性与矛盾性》相似的观点。罗因此感到自己与文丘里有着某种"思想上的共鸣"（a marriage of the minds）。[5] 或许，正是这种"共鸣"让柯林·罗自觉对文丘里有更

1 | 2 | 3

图1- 波普艺术中的购物者
图2、3- 美国城镇中的"主街"

2 Robert Venturi, Denise Scott Brown andSteven Izenour, *Learning from Las Vegas* (Cambridge, Massachusetts and London: The MIT Press, 1972), p.93.

3 Vincent Scully, "Introduction,"in Robert Venturi, *Complexity and Contradiction in Architecture* (New York: The Museum of Modern Art, 1966), p.9.

4 Ibid, p.104.

5 Rowe,"Robert Venturi and the Yale Mathematics Building Competition", p.79.

全面的理解和认识——从反对"时代精神"、倡导"多元主义"、打破教条和追求思想自由，到对现代主义的怀疑、反对技术主义、相信形式的自主、崇尚建筑中的"含混"和"暧昧"，等等。在他看来，鉴于这种更为全面的理解和认识似乎已经被甚嚣尘上的"普通"迷思所淹没，因此有必要重新提出。《罗伯特·文丘里与耶鲁大学数学楼设计竞赛》这样开始自己的论点：

> 长期以来，作为一位思想深刻、魅力无限却未被人们认真思考的人物，罗伯特·文丘里似乎一直被夸大其词的追捧所拖累。这多少是个遗憾。文丘里品性正直，才华横溢，见解有趣。他写就了一本足以表明自己非凡夫俗子所能比肩的著作，设计了一些同样具有精英色彩的建筑。但是，因为喜爱悖论，他也坦陈与普通事物情投意合。[1]

也就是说，文丘里并非"普通"可以概括。相反，他首先是一个建筑精英，思想深刻，才华横溢——这里"足以表明自己非凡夫俗子所能比肩的著作"指的当然是他那部堪比勒·柯布西耶《走向一种建筑》的《建筑的复杂性与矛盾性》，只是由于"喜爱悖论"，所以才"坦陈与普通事物情投意合"。至于他的耶鲁大学数学楼方案，柯林·罗发问道，如果真的是一个"普通"建筑，那么还有什么好说的呢？为什么还要进行评论呢？事实上，诚如罗指出，如果它真的与美国城镇主街上的建筑别无二致，那么尽管这样的建筑或许可以像那些"出自民间高手的无名氏建筑"（native genius in anonymous architecture）带来某种"闲情逸致"（casual gratification），"但是可以肯定，它不会引发批评的关注"——当然，这样的建筑完全可以引起理论的关注，正如文丘里的《向拉斯维加斯学习》、库哈斯的《大跃进》（*Great Leap Forward*）或者塚本由晴的《东京制造》显示的那样。

接下来，柯林·罗几乎用了全文的一半来讨论文丘里的思想和建筑在"精英"和"普通"之间的悖论。他要追问的是，这样的悖论在文丘里那里以什么方式得到成立？或者说"在这个领域中，他的思考和信仰到底是什么？"罗为此提出三个问题：文丘里是否设想了一个现代建筑神话土崩瓦解，理性终于可以放任自流（ideally free）的世界？还是文丘里急切希望，主街和拉斯维加斯能够取而代之，成为维持新的神话结构（a continuing mythic structure）的充分基础？或者文丘里更加急切地期盼，在一切神话不复存在之时，机智（wit）能够如鱼得水，扮演信仰曾有的可疑角色？

---

1 Rowe, "Robert Venturi and the Yale Mathematics Building Competition," p.80.

柯林·罗指出，文丘里的建筑已经充分说明，上述最后一个问题最能代表他的根本立场；而拉斯维加斯研究显示，第二个问题是他的兴趣所在；至于说第一个问题只是他的修辞而已。因此，文丘里在"深奥的理念"（esoteric ideal）与看似肤浅的平民主义（a would-be exoteric and populist one）之间来回穿梭。罗这里所谓"深奥的理念"并非现代建筑的"时代精神"或者"历史决定论"，而是文丘里建筑中那些需要历史的博学和鉴赏家的眼光才能理解和欣赏的引经据典和形式游戏，也就是文章开始"具有精英色彩的建筑"一句话的含义。

确实，形式和意义的混搭在文丘里建筑中比比皆是，下等的酒馆与意大利的卡塞塔宫（Caserta），美国 19 世纪建筑师弗兰克·福内斯（Frank Furness）与英国 18 世纪建筑师尼古拉斯·霍克斯莫尔（Nicholas Hawksmoor），巴黎的邸宅（hôtel particuliers）与米开朗基罗的斯弗尔扎礼拜堂（Capella Sforza），美国小城镇与美国式"布扎"（Beaux-Arts）的麦基姆－米德－怀特建筑事务所（McKim, Mead and White）的作品，"一切能被认为具有反讽或者自身就是反讽的应有尽有，如果不是食而不化的话"。不是这里贴上著名的位于意大利佛拉斯卡帝的阿尔多布朗蒂尼别墅（Villa Aldobrandini）的隐喻，就是那里出现只有少数人才能看懂的对美国罗德岛布里斯托的威廉·罗住宅（William Low House）的引用；还有都灵的斯图皮尼基宫（Stupinigi）、圣彼得堡的巴甫洛夫斯克宫（Pavlovsk）、中低档的美国豪生连锁酒店（Howard Johnson's），以及作为美国最早高速公路系统案例并具有通俗文化涵义的 66 号公路（Route 66）。"文丘里用这些彼此没有关系的玩意儿进行随心所欲的游戏，就好像它们是拼贴的元素一样"。

因此，尽管赞许文丘里的博学以及他"高雅"和"低俗"兼而有之，但是对于文丘里如此随心所欲，罗还是提出了尖锐批评。在罗看来，拼贴（collage）本身无可厚非。相反，它是现代艺术的一大成就，而且柯布也是一位"建筑拼贴的高手"（a great master of the architectural collage）。但是，"鉴于现代主义建筑师的'道德'底线，柯布不会将反讽并置使用得太过明显和直接"。相比之下，文丘里无论在观念还是具体手法上都过于不择手段和肆无忌惮。

> 尽管文丘里的做法在一定程度上令人赏心悦目，但我们感到，终究还是综合立体主义的"拼贴"——一种激起诗意反响的物体（objets à reactions poétiques）技高一筹，令美国和艺术史上的其他派别相形见绌。[2]

2 Rowe, "Robert Venturi and the Yale Mathematics Building Competition," p.89.

柯林·罗对柯布和立体主义情有独钟由此可见一斑。这也再一次说明，尽管罗与文丘里一样崇尚"多元主义"，但是与文丘里不同，罗不是一个"怎么都行"（anything goes）的相对主义者。[1] 在罗看来，"文丘里的建筑形象世界充满杂乱和断裂，不仅有古代的文化世界（贵族化的，而且主要是欧式贵族），而且也包括近在眼前的文化世界，特别是当代美国的文化世界"。[2]

本来，在欧美建筑的语境中博采众长——即以"欧洲的詹姆斯式美国人（比任何欧洲人更优雅，更少马克思主义）和美国的惠特曼类型同时出现"，"既在私下举止深奥，又在大庭广众赞美民主价值"，"既享受鉴赏家的一切乐趣，又不无美国的活力和进取精神"，[3] 这是文丘里拥有的比柯布更多的优势。但是在罗看来，这一优势的发挥需要更为谨慎和克制的操作，而不是肆无忌惮。

那么，罗是如何看待文丘里数学楼方案本身的呢？乍看起来，罗在这个问题上的立场与查尔斯·摩尔等人不无相似之处，他肯定了耶鲁大学数学楼设计竞赛超越现代主义独立式的物体性建筑，寻求建筑与耶鲁大学既定校园肌理融合的初衷。他还特别援引摩尔专题文章中的表述说道："在纽黑文，'强烈的存在'（strong existing）和'整合校园中心的肌理'（the superbly integrated fabric unifying the central part of the campus）都不是夸张的诉求。"罗指出，在这一点上，文丘里的设计在入围的五个方案中无疑最值得称赞（the most deserving）。但是罗接着问道："这个设计能够说明什么呢？赤裸裸的权威（bald authority），还是低调的成功？它真能成为 1952 年以来耶鲁最好的建筑？甚至比文丘里声称的还要好？"[4]

罗对此的回答有三点。首先，尽管文丘里方案展现了一个外表"普通"的建筑——"普通"得几乎消失，但是它的体量巨大，这使它事实上又难以消失。不过罗说，这一不足或许应该归咎于设计竞赛任务书，因为它规定的使用面积过于巨大。文丘里使出浑身解数，改变上层面砖的颜色，把阿尔托和马西莫府邸（Palazzo Massimo）曾经使用过的手段结合在一起，还采用了纽约高层建筑常见的退台处理方式。尽管如此，罗认为该建筑的体量仍然过于巨大，尤其相对于原有的里特·奥利弗纪念楼而言。

其次，为赋予里特·奥利弗纪念楼更为重要的地位，文丘里方案将该建筑作为整个数学系大楼的入口，进入之后右转经过一段距离才是新楼的电梯厅。另一方面，里特·奥利弗楼的历史风格也颇得文丘里的青睐，并以后现代主义手法在建筑背面采用了哥特花纹铺地，还在与老建筑连接的入口处使用了哥特花饰片。然

---

1 关于这一点的讨论，也见本文集《〈理想别墅的数学及其他论文〉导读》的相关内容。

2 Rowe, "Robert Venturi and the Yale Mathematics Building Competition", p.90.

3 Ibid.

4 Ibid.

而这正是罗的批评所指，称其为"显而易见的败笔"（obvious and easily discernible failures），尽管罗同时也意识到，这一"唐突的并置"无论有多么"业余"，也很可能是文丘里"刻意而为"的"反讽"（if much may be written off to irony, if it may be claimed that this abruptness of juxtaposition，however amateur it may appear, was willed）。

柯林·罗对文丘里方案的批评由此开始加重，用词也越发严厉起来。但是更严厉的批评还在后面。罗写道：

> 据说，"普通"的理念可以等同于主街，但是这种对等并不存在，因为"普通"的理念只是对主街的一种迷恋态度（a sentimental attitude）。由此产生的是这样一种建筑——拒绝交流（refusal to communication），自我封闭（determination not to reveal），刻意庸俗平凡（assumption of primitive and banal），故作纯真（supposed innocent）却又形式主义十足（very great formalism），还宣称专业面向"大众"（addressed to the 'average' man），实则只是表面低调（externally, supremely affirmative of the pathos），看似不追求美感（the unassuming beauty）且奉行彻底的实用主义（the helplessness of a matter-of-fact pragmatism）。它导致了似是而非的劳特莱精神（both celebrates and calls into question of a Rotarian ethos [5]），号称抵制品质（supposed rejection of quality），实则卖弄炫耀（almost ostentatious）。[6]

在此，柯林·罗的用词不仅严厉，语气也透着刻薄，阅读起来有相当的难度，以至于为读者更好地理解罗的原意，必须将主要用词的原文放在括号里。

第三，针对这个方案的室内设计——这在已经发表的文章和文献资料中都看不到，罗指出这个"普通"建筑完全是在一层"清教徒外衣"（the Puritan disguise）下，以外表的沉默寡言掩饰内部全然不同的布景式装饰的奢华。"它的公共立面毫无表情，而内部世界则时髦别致。它自命不凡，又百般掩饰"（The public face is deadpan; the private world is chic. We rest upon our privileges and dissimulate their existence）。结果是"室内外之间的过度反差"（an undue lesion between inside and outside）。当然，柯布建筑中也有室内外反差的尝试，但是有理由认为，文丘里的室内和室外则是有点太没有关系了（a little too disrelated）。

---

5 劳特莱，瑞士手表品牌——引者注。

6 Rowe, "Robert Venturi and the Yale Mathematics Building Competition," p.94.

这还没有说到数学楼与耶鲁大学校园肌理的关系。这是设计竞赛组委会的首要问题。这个问题对柯林·罗同样重要，甚至应该说更重要，尤其考虑到此时的罗已经在康奈尔大学执教城市设计课程多年——罗将自己在康奈尔的城市设计课程的起始时间锁定在 1963 年，[1] 而"物体"（object）与"肌理"（texture）的关系则是这一课程的核心，它在 1978 年问世的《拼贴城市》（*Collage City*）[2] 和 1979 年的英国皇家建筑师学会的演讲《当下的城市困境》（"The Present Urban Predicament"）[3] 中得到更为理论化的呈现。然而，正如罗由于与文丘里的"思想共鸣"而对文丘里有更为全面和深刻的认识和理解一样，他也因为对"物体"与"肌理"的长期和系统的思考而在这个问题上有着不同寻常的批评见解。

柯林·罗再次将批评的矛头对准文丘里的方案，以及与之相关的设计竞赛任务书。在罗看来，"这个任务书要求尊重现有建筑，却完全没有提及对一种空间潜力的尊重（The program proposed deference to an existing building, but seems barely to have envisaged deference towards a potential space）"。柯林·罗这里的"空间潜力"究竟指什么呢？让我们先来看一下罗文章稍后对耶鲁校园的阐述，以便更好地理解罗对文丘里数学楼设计方案的批评：

> 耶鲁校园的经典元素是以围墙形成的内院，通过拱门进入。尽管有点歇斯底里，但由此形成了数量巨大的内院。这是一种比较极端的情况，十分成功，但又不是那么彰明较著。它的成功之处在于轻松怡然。在这里，肌理与物体并存，二者之间既没有强烈的对比，也无需刻意经营。很多情况下只是借助一片围墙而已，再加上拱门和小品，坚定而自信，但只有相对于围墙才是如此，它们彼此相辅相成，形成整体。[4]

图 1、2- 耶鲁大学数学楼场地总图与模型

很显然，罗这里阐述的既不是一个简单抽象的"肌理"概念，也不是用笼统的"围合"建筑和空间就能概括的，而是基于对这个"肌理"和"围合"的"经验事实"更为具体的观察而获得的认识。具体到数学楼所在的地块，柯林·罗注意到与数学楼处于对角线位置的斯特拉思科纳楼（Strathcona Hall）有一个从十字路口进入的斜向拱门入口，以一个颇具耶鲁校园特色的方式将人们引入建筑后面的内院。另一方面，在进入这样的内院之后，人们不必原路返回，而是可以愉悦地穿越内院，从另一个同样具有某种姿态的建筑出入口离开。

1 Colin Rowe, "Cornell Studio Projects and Theses," in *As I Was Saying*, Vol. 3 (Cambridge, Massachusetts and London: The MIT Press, 1996), p.5.

2 也见本文集《柯林·罗与"拼贴城市"理论》一文。

3 Colin Rowe, "The Present Urban Predicament," in *As I Was Saying*, Vol. 3, pp.165–220.

4 Rowe, "Robert Venturi and the Yale Mathematics Building Competition," p.98.

在罗看来，鉴于现有场地上后来陆续建成的新建筑都无法做到这一点，数学楼理应就此做出某种具有公共姿态的回应。"这种呼应无需过度，兴许以某种相似的开口引入希尔豪斯大道即可。"[5]

可惜，文丘里的方案完全忽视了这一点。结果是，"我们穿过斯特拉思科楼修辞性的拱门入口进入内院，被迫在各种小道中寻找出路"。人们不由自主地在谢菲尔德实验楼后面和处在末端的新数学楼之间移动，再沿着地块内作为保护建筑的丹纳之家（Dana House）的厨房入口旁的小道前行，最终来到地块北侧特朗布尔大街（Trumbull Street）。"这个建筑漫游或许有粗野之感，但很难作为空间整合的举措，由此形成的体验估计也不是通常感知（average sensibility）乐意接受的。"[6]

在罗看来，这是一个"城市层面的不足"（urbanistic failure），也是文丘里方案的最显著缺陷（the most glaring defect of Venturi's proposal）。它使内院（courtyard）变后院（back space），未能与"肌理"中的其他建筑建立更为有效的联系。文丘里更愿意以后现代的方式与里特·奥利弗纪念楼的伪历史风格进行调情，也在建筑的公共性立面上煞费苦心，但是人们却不能认为他"对耶鲁校园的空间主题有足够尊重（it cannot seriously be considered as deferring to the spatial theme of Yale）。"[7]

有趣的是，在一个从组织者初衷到获胜方案都高调宣称"普通"的设计竞赛中，耶鲁大学校园这个再普通不过的信息变得无人问津。取而代之的是对与耶鲁大学校园其实没有多少关系的"主街"议题的迷恋。究其原因，罗指出，是因为这次设计竞赛的意图与其说是"普通"，不如说是一种最新时尚，"以至于它在某种程度上只能导致非理性的自我意识和行为（irrationally self-conscious behavior）"。[8]

作为总结，柯林·罗将自己对文丘里方案的评价概括为三点：

1. 中标方案与许多近期的耶鲁建筑一样，表达了一种尴尬的公共关系。
2. 即使最终不能成为自诩的那样，它也肯定会满足使用功能。
3. 虽然不会对耶鲁校园的主题有什么特别贡献，但是它的存在或能导致这些主题的逐步重建。[9]

5 Ibid. p.96.

6 Ibid.

7 Ibid.

8 Ibid, p. 97.

9 Ibid. p.99.

03   "评论"与"批评"

英文所谓的 criticism 在中文中有"评论"和"批评"两种翻译。中国建筑学会新近成立的"建筑评论学术委员会"中的"建筑评论"无疑就是英文的 architectural criticism。如果将"评论"和"批评"在中文语境中的差异做一个简单区分的话，我们也许可以说"评论"往往趋向于成为"中性"或者"赞许"的意见，尽管这样的意见也会非常有见地甚至不乏深刻，而"批评"顾名思义则需要某种与批评对象相左甚至完全不同的观点。它的实质在于质疑和提出问题，并通过这种质疑达到新的认识。应该说，后者更接近 criticism 的本意。

图1– 希尔豪斯大道
左侧为大学卫生部大楼，右侧为数学楼基地
图2– 大学卫生部大楼模型

$\frac{1}{2}$

这样的差异在对文丘里获胜方案的讨论中同样存在。前者以1976年《对立面》杂志发表的文森特·斯卡利的《耶鲁大学数学楼：关于场地关系的几点看法》一文为例。它"赞许"地分析了文丘里设计方案在处理场地关系方面的表现，比如，避免将建筑与希尔豪斯大道平行，而是因势利导，将大部分建筑体量沿场地上一个废弃铁轨的走向拧了一个角度，让建筑朝东北有更多的展开面，这既避免了对面的大学卫生部大楼（Department of University Health）与街道的单调平行，也强化了一种"门户"（gate）的形象。此外，不同于柯林·罗对文丘里方案在新老建筑之间的后现代主义呼应手法的批评，斯卡利的"评论"对文丘里方案与周围建筑的关系也是赞许和认可的。它指出，文丘里方案既在体量上呼应了对面的大学卫生部大楼，又将它的窗洞尺寸作为自己的元素，但是减少了窗洞的进深，从而将窗洞从卫生部大楼厚重墙体上的开洞做法转化为连续墙体表面的一部分。另一方面，它将与希尔豪斯大道平行的一小段立面的第一个退台高度与里特·奥利弗楼的哥特式山花的高度保持一致，同时将更大的没有这种高度呼应的建筑面转向东北。从而将大学卫生部大楼呆滞的建筑体量转化为一个新的门户形象不可或缺的元素。斯卡利的结论是，作为一个整体，文丘里设计方案成功地在耶鲁大学以人文学科为主的南部校区和以理工学科为主的北部校区之间建立了联系。[1]

---

1 Vincent Scully, "The Yale mathematics Building: Some Remarks on Siting," *Oppositions*, No. 6, p.23.

斯卡利对文丘里设计方案与场地关系的分析体现了一位历史理论学者的学识和眼光，但是很显然，与柯林·罗的"批评"相比，只能算是"评论"。对于整个设计竞赛任务书和文丘里的方案，罗始终将自己置于一种质疑和批评的立场——甚至连他自己都说"我这是鸡蛋里挑骨头还是胡言乱语？"（Am I being fastidious or am I being careless?）不幸的是，尽管罗认为自己的批评完全是善意的，尽管他在文尾指出，"这次耶鲁数学楼设计竞赛为我们提供了一个反思当前主流建筑思想的机会——在这一点上我们得感谢文丘里，因为近期建筑（或者设计方案）中，还没有什么案例值得以如此长的篇幅进行严肃的批评 [there are few recent buildings （or projected buildings） that a serious critic could discuss with less equivocation than has here been displayed]"，尽管该文最后以"有品质的建筑才值得批评"（To be worth of criticism a building must be possess qualities）作为结语 [2]——言下之意，文丘里设计方案之所以值得批评，正是因为它的出类拔萃，如果换了设计竞赛中的其他方案，也许罗根本就不屑花时间写一篇批评文章，但是它还是被理解为攻击，以至于最终无法在《耶鲁大学数学楼设计竞赛》上发表。这或许与柯林·罗调侃挖苦、令人捉摸不透的文风不无关系，但至少也在一定程度上说明，即使在被认为已经具有批评传统和批评文化的地方，批评有时也是难以接受的。毕竟，批评容易令人不爽，这倒更符合人的本性。

多余的话   04

笔者选择在"中国建筑学会建筑评论学术委员会"成立大会的发言中重温柯林·罗的这篇文章，无非是想说明，如果"中国建筑学会建筑评论学术委员会"所谓的"建筑评论"不仅包括"评论"而且更应该包括"批评"——事实上，许多业界同仁在诸如2016年底新一届《建筑学报》编委会成立大会等不同场合表达了这种愿望，那么我们的批评者和被批评者已经为之做好准备了吗？

---

2 Rowe,"Robert Venturi and the Yale Mathematics Building Competition", p.100.

图 片 来 源
IMAGE SOURCES

P 3 —— 图 1: *Autonomy and Ideology*, The Monacelli Press, 1997

图 2: Colin Rowe, *The Mathematics of the Ideal Villa and other Essays*, The MIT Press, 1999

P 5 —— 图 1: 以赛亚·伯林:《自由论》,译林出版社,2011

图 2: 海因里希·沃尔夫林:《艺术风格学:美术史的基本概念》,中国人民大学出版社,2004

P 7 —— 图 1: *Le Corbusier: Œuvre complète, Volume 1·1910-29*, Les Éditions d'Architecture, 1964

图 2: *James Stirling: Buildings and Projects*, The Architectural Press, 1984

P 8 —— 《瓦尔堡思想传记》,商务印书馆,2018

P 9 —— 图 1: Erwin Panofsky, *Studies in Iconology*, Routledge, 1972

图 2: 互联网图片

P 12 —— 图 1: 杰弗里·斯科特:《人文主义建筑学》,中国建筑工业出版社,2012

图 2: Rudolf Wittkower, *Architectural Principles in the Age of Humanism*, Academy Press, 1998

图 3: 互联网图片

P 13 —— 图 1: Alexander Caragonne, *The Texas Rangers: Notes from an Architectural* Underground, The MIT Press, 1995

图 2: Colin Rowe, *The Mathematics of the Ideal Villa and other Essays*, The MIT Press, 1999

P 15 —— 图 1: *Le Corbusier: Le Grand*, Phaidon, 2008

图 2: 勒·柯布西耶:《走向新建筑》,陕西师范大学出版社,2004

P 18 —— 图 1: Colin Rowe, *The Mathematics of the Ideal Villa and other Essays*, The MIT Press, 1999

图 2: *Modern*, Schleberügge Editor, 2003

图 3-4: Sigfried Giedion, *Space, Time and Architecture*, Harvard University Press, 1982

P 19 —— 图 1: *Le Corbusier: Le Grand*, Phaidon, 2008

图 2: 互联网图片

P 23 —— 图 1: Henry-Russell Hitchcock, *Modern Architecture*, Da Capo Press, 1993

图 2: 互联网图片

图 3: Henry-Russell Hitchcock and Philip Johnson, *The International Style*, W. W. Norton & Company, 1990

P 24 —— 图 1: Henry-Russell Hitchcock, *Painting Toward Architecture*, Duell, Sloan and Pearce, 1948

图 2: Alexander Caragonne, *The Texas Rangers: Notes from an Architectural Underground*, The MIT Press, 1995

P 26 —— 图 1: 柯林·罗 / 罗伯特·斯拉茨基:《透明性》,中国建筑工业出版社,2008

图 2-3: 互联网图片

P 27 —— 图 1: 互联网图片

图 2-3: 柯林·罗 / 罗伯特·斯拉茨基:《透明性》,中国建筑工业出版社,2008

图 4: 互联网图片

P 31 —— John F. Harbeson, *The Study of Architectural Design*, W. W. Norton & Company, 2008

P 32 —— 图 1: Jacques Lucan, *Composition and Non-Composition*, EPFL Press, 2012

图 2-3: Colin Rowe, *The Mathematics of the Ideal Villa and other Essays*, The MIT Press, 1999

P 33 上 —— 图 1-2: Colin Rowe, *The Mathematics of the Ideal Villa and other Essays*, The MIT Press, 1999

图 3-4：*Andrea Palladio*, teNeues, 2002

P 33 下 —— 图 1-4：肯尼斯·弗兰姆普敦：《建构文化研究》，中国建筑工业出版社，1997

P 34 —— 图 1：Colin Rowe, *The Mathematics of the Ideal Villa and other Essays*, The MIT Press, 1999

图 2：互联网图片

P 35 —— 图 1：Colin Rowe, *The Mathematics of the Ideal Villa and other Essays*, The MIT Press, 1999

图 2-3：互联网图片

P 36 —— 《构图原理》，南京工学院建筑系，1979

P 38 —— 图 1：威廉·柯蒂斯：《20 世纪世界建筑史》，中国建筑工业出版社，2011

图 2：互联网图片

图 3：柯林·罗 / 罗伯特·斯拉茨基：《透明性》，中国建筑工业出版社，2008

P 39 —— 图 1-3：Colin Rowe, *The Mathematics of the Ideal Villa and other Essays*, The MIT Press, 1999

图 4：Jacques Lucan, *Composition and Non-Composition*, EPFL Press, 2012

P 43 —— 图 1：Alexander Caragonne, *The Texas Rangers: Notes from an Architectural Underground*, The MIT Press, 1995

图 2：*Chinese Architecture and the Beaux-Arts*, University of Hawai'i Press, 2011

P 45 —— 彼得·艾森曼：《现代建筑的形式基础》，同济大学出版社，2018

P 46 —— 图 1：诺姆·乔姆斯基：《句法结构》，中国社会科学出版社，1979

图 2：*Architectural Theory since 1968*, The MIT Press, 2000

P 47 —— 图 1：*Oppositions Readers*, Princeton Architectural Press, 1998

图 2：*Five Architects: Eisenman, Graves, Gwathmey, Hejduk, Meier*, Oxford University Press, 1975

P 49 —— 图 1：Manfredo Tafuri, *Architecture and Utopia*, The MIT Press, 1976

图 2：Manfredo Tafuri, *The Sphere and the Labyrinth*, The MIT Press, 1987

P 53 —— Colin Rowe, *The Architecture of Good Intentions*, Academy Editions, 1994

P 57 —— 图 1：Mario Carpo, *The Second Digital Turn*, The MIT Press, 2011

图 2：Patrick Schumacher, *The Autopoiesis of Architecture*, John Wiley and Sons, Ltd., 2011

P 58 上 —— 图 1：勒·柯布西耶：《走向新建筑》，陕西师范大学出版社，2004

P 58 下 —— 图 1-2：William Curtis, *Le Corbusier*, Phaidon, 1986

图 3：*Le Corbusier: Œuvre complète, Volume 4·1938-46*, Les Éditions d'Architecture, 1964

图 4：*Le Corbusier: Œuvre complète, Volume 3·1934-38*, Les Éditions d'Architecture, 1964

图 5：Caroline Maniaque Benton, *Le Corbusier and the Maisons Jaoul*, Princeton Architectural Press, 2009

图 6：互联网图片

图 7：Kenneth Frampton, *A Genealogy of Modern Architecture*, Lars Müller Publishers, 2015

P 59 —— 图 1：Adolf Max Vogt, *Le Corbusier, the Noble Savage*, The MIT Press, 1998

图 2：贡布里希：《偏爱原始性》，广西美术出版社，2016

P 61 —— 图 1：Colin Rowe and Fred Koetter, *Collage City*, The MIT Press, 1978

图 2：Colin Rowe und Fred Koetter, *Collage City*, Birkhäuser, 1997

图 3：柯林·罗 / 弗雷德·科特：《拼贴城市》，中国建筑工业出版社，2003

P 62 —— 肯尼斯·弗兰姆普敦：《建构文化研究》，中国建筑工业出版社，1997

P 64 —— 图 1-2：Gordon Cullen, *Townscape*

P 65 —— 图 1-3：Colin Rowe and Fred Koetter, *Collage City*, The MIT Press, 1978

图 4：互联网图片

P 66 上 —— 图 1：互联网图片

图 2-4：罗伯特·文丘里：《向拉斯维加斯学习》，天津凤凰空间文化传媒有限公司，2017

P 66 下 —— 图 1-4：Colin Rowe and Fred Koetter, *Collage City*, The MIT Press, 1978

P 67 —— 图1：互联网图片

图2：罗伯特·文丘里：《向拉斯维加斯学习》，天津凤凰空间文化传媒有限公司，2017

图3-5：Colin Rowe and Fred Koetter, *Collage City*, The MIT Press, 1978

图6：Stuart Wrede, *The Architecture of Erik Gunnar Asplund*, The MIT Press, 1980

P 68 —— 图1-3：罗伯特·文丘里：《建筑的复杂性与矛盾性》，天津凤凰空间文化传媒有限公司，2017

图4-8：Colin Rowe and Fred Koetter, *Collage City,* The MIT Press, 1978

P 69 —— 列维-斯特劳斯：《野性的思维》，商务印书馆，1987

P 70 上 —— 图1-4：Colin Rowe and Fred Koetter, *Collage City*, The MIT Press, 1978

P 70 下 —— 图1-2、4、6-7：Colin Rowe and Fred Koetter, *Collage City*, The MIT Press, 1978

图3：Jacques Lucan, *Composition and Non-Composition*, EPFL Press, 2012

图5：互联网图片

P 74 上 —— Rob Krier, *Urban Space*, Academy Editions, 1979

P 74 下 —— 图1：Rem Koolhaas and Jorge Oterlo-Pailos, *Preservation is Overtaking Us*, Columbia Books on Architecture and the City, 2014

图2-3：Bernard Tschumi, *The New Acropolis Museum*, Skira/Rizzoli, 2009

图4-5：Stan Allen, *Points + Lines,* Princeton Architectural Press, 1999

P 75 —— 图1-2：阮昊提供

P 77 —— Colin Rowe, "Dominican Monastery of La Tourett3, Eveaux-sur-Arbresle, Lyon", *Architectural Review*, 1961-6

P 78 上 —— *In the Footsteps of Le Corbusier*, Rizzoli, 1991

P 78 下 —— 图1-3：Colin Rowe, *As I Was Saying*, Vol.1-3, The MIT Press, 1996

P 81 —— Mark Linder, *Nothing less than Literal*, The MIT Press, 2004

P 82 —— 图1：Architecture and Cubism, The MIT Press, 2002

图2-3：Sigfried Giedion, *Space, Time and Architecture*, Harvard University Press, 1982

图4：*The Light Construction Reader*, The Monacelli Press, 2002

P 83 —— 图1-4：*Le Corbusier: Œuvre complète, Volume 6·1952-57*, Les Éditions d'Architecture, 1964

P 84 —— 图1：William Curtis, *Le Corbusier*, Phaidon, 2015

图2-3：菲利普·波蒂耶：《勒·柯布西耶：拉图雷特圣玛丽修道院》，中国建筑工业出版社，2006

P 86 —— 图1：Colin Rowe, *The Mathematics of the Ideal Villa and Other Essays*, The MIT Press, 1976

图2：勒·柯布西耶：《走向新建筑》，陕西师范大学出版社，2004

图3：Colin Rowe, *As I Was Saying*, Vol. 2, The MIT Press, 1996

P 87 —— 图1-2：勒·柯布西耶：《走向新建筑》，陕西师范大学出版社，2004

P 88 —— 图1-2：互联网图片

P 89 —— 图1：*In the Footsteps of Le Corbusier*, Rizzoli, 1991

图2：*Le Corbusier: Œuvre complète, Volume 7·1957-65*, Les Éditions d'Architecture, 1965

图3：互联网图片

P 90 —— 图1-3：互联网图片

P 94 —— 图1：爱德华·露西-史密斯：《艺术词典》，三联书店，2005

图2：互联网图片

图3：José Baltanás, *Walking through Le Corbusier*, Thames & Hudson, 2005

P 96 —— 图1：*Le Corbusier: Le Grand*, Phaidon, 2008；

图2：柯林·罗／罗伯特·斯拉茨基：《透明性》，中国建筑工业出版社，2008

P 99 —— 图1：柯林·罗／罗伯特·斯拉茨基：《透明性》，中国建筑工业出版社，2008

图2：互联网图片

P 101 上 —— 图 1-2：互联网图片

P 101 下 —— 互联网图片

P 102 —— 图 1-3：互联网图片

P 104 —— Le Corbusier, *Creation is a Patient Search*, Frederick A. Prager, Inc., Publishers, 1960

P 105 —— 图 1：菲利普·波蒂耶：《勒·柯布西耶：拉图雷特圣玛丽修道院》，中国建筑工业出版社，2006

图 2：互联网图片

P 107 —— *Le Corbusier: Œuvre complète, Volume 1 · 1910-29*, Les Éditions d'Architecture, 1964

P 108 —— 图 1-2：互联网图片

P 110 —— 图 1-3：互联网图片

P 110 —— 图 1-4：互联网图片

P 111 —— 图 1：勒·柯布西耶：《精确性》，中国建筑工业出版社，2009

图 2：*Le Corbusier: Œuvre complète, Volume 1 · 1910-29*, Les Éditions d'Architecture, 1964

图 3：*Le Corbusier: Œuvre complète, Volume 2 · 1929-34*, Les Éditions d'Architecture, 1964

P 112 —— John Summerson, *Heavenly Mansions and Other Essays on Architecture*, Norton & Company, 1963

P 115 —— Colin Rowe, *As I Was Saying*, Vol. 2, The MIT Press, 1996

P 116 —— *Le Corbusier: Œuvre complète, Volume 1 · 1910-29*, Les Éditions d'Architecture, 1964

P 117 —— 图 1：互联网图片

图 2：爱德华·露西-史密斯：《艺术词典》，三联书店，2005

图 3：Colin Rowe, *As I Was Saying*, Vol. 2, The MIT Press, 1996

P 119 —— 图 1-3：互联网图片

图 4：*As I Was Saying* Vol. 2, The MIT Press, 1996

P 120 —— 图 1-2：《建筑图像词典》，中国建筑工业出版社，1998

图 3：*Le Corbusier: Œuvre complète, Volume 7 · 1957-65*, Les Éditions d'Architecture, 1965

图 4：互联网图片

P 121 —— 图 1：互联网图片

图 2：*Le Corbusier: Œuvre complète, Volume 7 · 1957-65*, Les Éditions d'Architecture, 1965

P 123 —— 互联网图片

P 125 —— Colin Rowe, *Italian Architecture of the 16th Century*, Princeton Architectural Press, 2002

P 127 —— 互联网图片

P 141 上 —— 图：*The Yale Mathematics Building Competition*, Yale University Press, 1974

P 141 下 —— 图：*The Yale Mathematics Building Competition*, Yale University Press, 1974

P 142 上 —— 图 1-4：*The Yale Mathematics Building Competition*, Yale University Press, 1974

P 142 下 —— 图 1-2：互联网图片

P 144 上 —— *Oppositions*, No. 6, 1976, The MIT Press

P 144 —— 图 1-6：*The Yale Mathematics Building Competition*, Yale University Press, 1974

P 145 上 —— 互联网图片

P 145 下 —— 图 1：互联网图片

图 2：罗伯特·文丘里：《建筑的复杂性与矛盾性》，天津凤凰空间文化传媒有限公司，2017

图 3：互联网图片

P 150 —— 图 1-2：*The Yale Mathematics Building Competition*, Yale University Press, 1974

P 152 —— 图 1-2：*Oppositions*, No. 6, 1976, The MIT Press

图书在版编目（ＣＩＰ）数据

阅读柯林·罗的《拉图雷特》/ 王骏阳著 .-- 上海：
同济大学出版社，2018.10
（王骏阳建筑学论文集）
ISBN 978-7-5608-8110-2

I. ①阅… Ⅱ . ①王… Ⅲ . ①建筑学－文集Ⅳ .
① TU-53

中国版本图书馆 CIP 数据核字 (2018) 第 190399 号

"同济大学学术专著（自然科学类）出版基金"资助项目

阅读柯林·罗的《拉图雷特》/ 王骏阳著
王骏阳建筑学论文集

同济大学出版社出版发行

地址：上海市杨浦区四平路 1239 号

邮政编码：200092

网址：http//www.tongjipress.com.cn

出 版 人　　华 春 荣

策　　划　秦　　蕾 / 群 岛 工 作 室

责 任 编 辑　晁　艳

平 面 设 计　方 子 语

封 面 设 计　王 骏 阳

责 任 校 对　徐 逢 乔

印　　刷　浙江省邮电印刷股份有限公司

开 本：889mm × 1194mm　1/24

印张：7　　字数：218000

2018 年 11 月第 1 版 / 2018 年 11 月第 1 次印刷

定价：88.00 元

全国各地新华书店经销

光明城联系方式：info@luminocity.cn

Luminocity.cn

光 明 城

LUMINOCITY

"光明城"是同济大学出版社城市、建筑、设计专
业出版品牌，由群岛工作室负责策划及出版，致力
以更新的出版理念、更敏锐的视角、更积极的态
度，回应今天中国城市、建筑与设计领域的问题。